PHILIPPE PIRARD

OXIDMALEREI

EINE PRAKTISCHE METHODE
MIT MEHR ALS 460 REZEPTEN
FÜR KERAMIKER UND LAIEN

INHALT

EINLEITUNG

„Ein Metalloxid ist ein Gebilde aus Metallatomen und Sauerstoffatomen." Über diese Definition hinaus, die aus einem Onlineglossar stammt, werde ich Chemie nicht wieder erwähnen. Daher werden Sie hier keine komplizierten chemischen oder mathematischen Formeln finden, sondern ein praktisches Handbuch für Keramiker, mit der Absicht, zu experimentieren oder eine Dekorationstechnik zu verfeinern.

Die Keramik war immer schon hauptsächlich für den Gebrauch mit Lebensmitteln gedacht und ist es noch heute, und für diese Anwendung wird von der Verwendung von Oxidtuschen dringend abgeraten. Das Berühren von damit dekorierten Objekten ist nicht nur unangenehm (wegen der rauen Oberfläche), darüber hinaus sind die meisten Oxide giftig, wenn sie verschluckt werden.

Boden- und Wandfliesen lassen sich erheblich einfacher reinigen, wenn der Scherben mit einer verglasten Schicht bedeckt ist: der Glasur. Der einfache Zugriff auf eine Vielzahl von Oxiden, wie wir ihn heute kennen, ist ein relativ neues Phänomen in der Geschichte der Keramik.

All diese Faktoren bewirken, dass die Technik der Oxidtuschen überwiegend als das Stiefkind unter den keramischen Überzügen gilt und dass die Literatur zu diesem Thema so spärlich ist.

Und dennoch macht diese ganz einfache Technik eine einmalige Palette natürlicher Farben möglich. Wenn ich mir einen Vergleich zwischen der Malerei und den keramischen Überzügen erlauben darf, würde ich sagen, dass die Glasuren den Scherben wie Ölfarben bedecken und die Engoben an Gouache erinnert, während die Oxidtuschen der Aquarellmalerei ähneln. Je nach ihrer Stärke und Zusammensetzung betonen sie durch ein Zusammenspiel von Transparenz und Farbe die erhabenen Stellen und heben die Textur des Tons hervor.

Die Grundlage bei der Farbwirkung von Glasuren, Engoben und Pigmenten bilden die Metalloxide. „Aufgelöst" in Wasser – auch wenn die Oxide in Wirklichkeit ihre Pulverform behalten – spricht man von Oxidtuschen.

Es ist möglich, Oxidtuschen direkt auf den rohen oder geschrühten Scherben übereinander aufzubringen und beispielsweise eine Schicht Zinnoxid über eine Schicht Eisenoxid aufzutragen (oder umgekehrt, was nicht zu dem gleichen Resultat führt), wobei zwischen den Schichten ein Schrühbrand durchgeführt wird oder auch nicht. Ebenso kann man das Objekt mit einem in verschiedene Oxid-Wasser-Gemische getauchten Schwamm oder Pinsel bestupfen, es mit einer Zahnbürste oder durch Eintauchen färben oder auch das Oxid so, wie es ist, in Pulverform verwenden. Kurzum, die Möglichkeiten sind nur durch unsere Vorstellungskraft begrenzt.

Dies vorausgeschickt, werden Oxide nicht wie in der Malerei gemischt, und die Farbpalette ist begrenzt. Es gibt keine Grundfarben, und es ist schwierig, die Farbe genau vorherzusagen, die sich aus einer Oxidverbindung nach dem Brennen ergibt, wenn man sie nicht vorher getestet hat. Die Farbe beim Auftrag hat nämlich nichts mit der des Endprodukts zu tun.

Und schließlich wird ein und dasselbe Rezept je nach verwendetem Ton, Stärke und Feuchtigkeit des Scherbens, Anzahl der aufgetragenen Schichten, Auftragstechnik (Pinsel, Schwamm, Spritzpistole) und je nach Brenntemperatur leicht unterschiedliche Farbtöne hervorbringen.

Aber all diese Unwägbarkeiten sollen die Interessierten nicht entmutigen. Mit einem Minimum an Kenntnissen und Disziplin lassen sich hervorragende und wiederholbare Ergebnisse erzielen.

Ich habe diese Einleitung begonnen, indem ich mein mangelndes Wissen um die chemischen und physikalischen Reaktionen eingestanden habe, die im Brand auf die Oxide einwirken, und tatsächlich bräuchte es sehr fundierte Fachkenntnisse in Thermodynamik, Metallurgie, Eutektik, Farbmessung und gewiss noch anderen Zweigen und Unterzweigen der Chemie und der Physik, um alles zu verstehen, was im Brand vor sich geht.

► **Trockenfrüchte unter der Lupe. Erforschung der Farben getrockneter Früchte mittels Oxidtuschen.**

Mein Ansatz ist ein anderer. Auch wenn ich mich bemühe, Disziplin an den Tag zu legen, ist das Ziel meines Vorgehens eher künstlerisch als wissenschaftlich. Das hindert mich natürlich nicht daran, Beobachtungen und Vergleiche anzustellen, um Prinzipien abzuleiten, aber nur unter dem praktischen Aspekt, schöne Farben zu finden. Mein Vorgehen ist rein empirisch.

Mein Ziel war es, eine Methode zu entwickeln, die zu einem reproduzierbaren Ergebnis führt. Daher habe ich wie bei meinen Skulpturen über alle meine Versuche, über die Dosierungen, die Auftragstechnik und die Brennkurve gewissenhaft Buch geführt. Um die Ergebnisse auszuwerten, scanne ich jede Fliese ein und ermittle mithilfe

eines Bildbearbeitungsprogramms die HSB-Werte (Ton, Sättigung, Helligkeit) der erhaltenen Farben, um sie einzuordnen und zu vergleichen. Diese Werte erleichtern mir die Arbeit, und ich verfeinere meine Beobachtungen mit dem Auge, denn das menschliche Auge ist noch immer das beste Werkzeug, das es gibt.

Unter dem Begriff „Oxid" fasse ich natürlich nicht nur die Oxide zusammen, sondern auch die Karbonate, Chromate und andere aus Metalloxiden zusammengesetzten Mineralien (z. B. Ilmenit). Ich verfüge über 35 Oxide und 13 Produkte auf keramischer Basis, von denen ich 2, 3, 4 oder mehr in verschiedenen Anteilen kombiniere.

Meine Forschung ließe sich mit der Struktur eines Baumes vergleichen: Den Stamm stellen die Oxide dar, die Hauptäste sind die Mischungen aus zwei Komponenten, die Unteräste die Mischungen aus drei Bestandteilen und so weiter. Ich habe also meine Forschungen mit den Hauptästen begonnen – Sie werden feststellen können, dass die ersten getesteten Rezepte sich in aller Regel auf zwei Komponenten beschränken. Ich habe mich zu diesen Experimenten auf der Grundlage dessen entschlossen, was ich über Oxide gehört oder gelesen habe, manchmal auch „aufs Geratewohl". Wenn ich den Eindruck hatte, dass dieser oder jener Hauptast von Interesse sein könnte, habe ich seine Unteräste durch Hinzufügen einer weiteren Komponente usw. erkundet. Je mehr Ergebnisse sich anhäuften und mit ihnen ein gewisses Verständnis von den Wechselwirkungen, desto mehr habe ich die Rezepte untereinander zusammengeführt.

Diese Forschungsmethode ist nicht die orthodoxeste, aber bedenken Sie, dass sich mit 48 Produkten und unter Beschränkung auf feststehende Mischungsverhältnisse bereits 1.128 „Hauptäste" ergeben, 17.296 „Unteräste" usw. Daher wäre ich mit einer zu schulbuchmäßigen Methode nicht bei Kombinationen von 3, 4 oder mehr Oxiden angelangt und hätte nie die „kleinen Äste" erreicht , die mitunter sehr schöne Früchte tragen.

Voller Leidenschaft habe ich mich in diese Recherche gestürzt, aus der mehr als 500 Probefliesen hervorgegangen sind, die ich hier vorstellen will.

Abschließend sei gesagt, dass sich dieses Buch an zwei Arten von Keramikern richtet. Entweder suchen Sie nach „schlüsselfertigen" Rezepten und sind nach Lektüre des Kapitels „In der Praxis" in der Lage, meine Formeln mühelos nachzuvollziehen. Oder Sie möchten eigene Forschungen anstellen und finden hier meine Überlegungen und Feststellungen, die Ihnen als Grundlage für eigene Forschungen dienen können. Und wenn Ihnen trotz allem die matte und durchscheinende Optik der Oxidtuschen nicht gefällt, können Sie sie immer noch mit einer Glasur bedecken, denn alle meine Rezepte lassen sich für das Einfärben Ihrer Glasuren, Engoben oder Terra Sigillata anpassen.

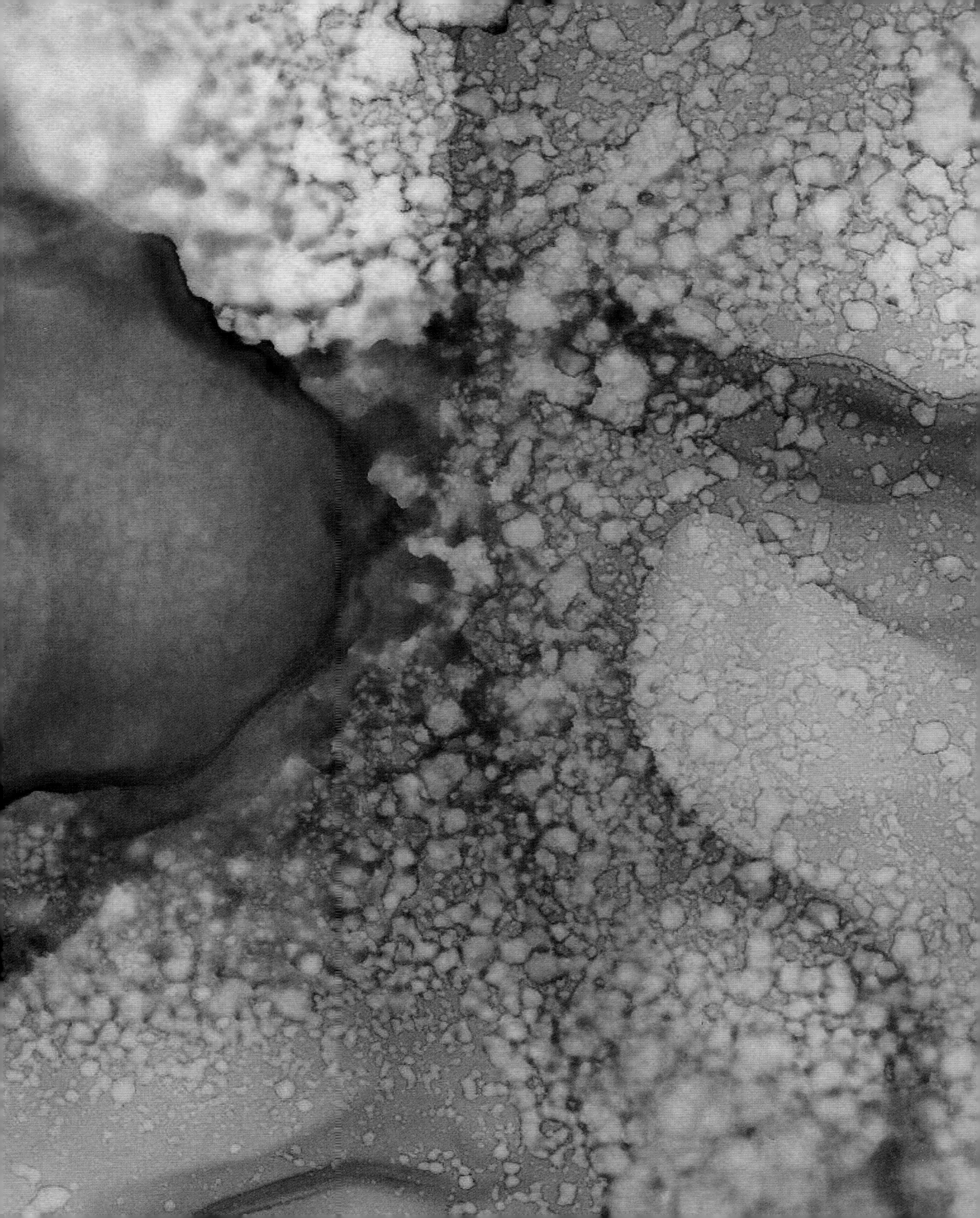

KAPITEL 1

PROTOKOLL

Vor der Beschäftigung mit den Farben und den Oxidtuschen selbst ist die Erstellung eines Protokolls von grundlegender Bedeutung.

Wie ich in der Einleitung erwähnt habe, hängt die Farbe einer Oxidtusche nach dem Brand nicht nur von seiner Zusammensetzung ab. Während Glasuren und Engoben den Scherben bedecken, dringen Oxidtuschen in ihn ein. Dieses Verhalten bewirkt eine größere Empfindlichkeit für den verwendeten Ton, die Dicke und Feuchtigkeit des Scherbens, die Dicke der aufgetragenen Schicht für das für den Auftrag verwendete Werkzeug, für die Art des Brandes – oxidierend oder reduzierend –, für die Temperatur und für das Vorhandensein anderer Oxide im selben Ofen.

Der erste Schritt bei der Erstellung einer reproduzierbaren Farbpalette besteht daher in der Festlegung eines immer gleichen Modus Operandi. In diesem Kapitel finden Sie die detaillierten Vorgaben, die für das Erzielen von Resultaten zu beachten sind, die den Resultaten in diesem Buch entsprechen. Wenn das auf den ersten Blick kompliziert erscheint, seien Sie versichert: Mit etwas praktischer Erfahrung haben Sie sich schon bald die richtigen Automatismen angewöhnt.

DER TON

Der Ton, den ich für meine Fliesen verwende und dringend empfehle, ist cremefarben. Ich verwende gleichermaßen die Massen 254, 264 und 284 von Goerg & Schneider (ehemals Creaton), W2505 und W2510 von Fuhs, 11sE von Witgert, DFA oder DFA30 aus dem Westerwald. In Frankreich finden Sie ähnliche Massen bei Solargil unter den Bezeichnungen GB8 und GB10 oder als GT100 bei Céradel. Mit beige brennenden Massen mit oder ohne Schamotte habe ich immer die gleichen Ergebnisse erzielt. (Gemäß den Herstellern sind sie in weiße, creme- oder beigefarbene Massen unterteilt.)
Ich weise darauf hin, dass ich Ton mit normalen Schamotteanteilen meine (zwischen 10 und 40 %). Vergessen wir nicht, dass Schamotte ein gebrannter und gemahlener Scherben ist, der als solcher selbst keine Flüssigkeit mehr aufnimmt. Wenn Sie etwa Spezialmassen für Skulpturen oder den Rakubrand verwenden, die zu 200 % aus Schamotte bestehen, dann dringen die Oxidtuschen weniger leicht in den Scherben ein, weshalb ich dann eine Erhöhung der Konzentrationen empfehle.
Die Mehrzahl der Oxidtuschen lässt den Scherben durchscheinen wie Aquarelltusche das Papier. Stellen Sie sich ein auf braunem, schwarzem oder rotem Papier gemaltes Aquarell vor, dann verstehen Sie, warum ich mich für eine helle Masse entschieden habe. Ich habe einige Tests in dieser Richtung gemacht – ebenso auf weißem Porzellanton – und bin schnell zu dem Schluss gekommen, dass sich beigefarbener Ton am besten für eine extrem breitgefächerte Farbpalette eignet.
Natürlich ist es nicht ausgeschlossen, für eine ganz spezifische Arbeit Oxidtuschen auf einem farbigen Ton zu verwenden, aber dabei muss die Färbung der Masse und ihre Zusammensetzung berücksichtigt werden, von denen das oder die verwendeten Oxide beeinflusst werden. Es ist also wichtig, im Vorhinein Tests durchzuführen.

► **Auf beiden Bildern von links nach rechts:
Kegel aus Porzellan, aus mit der Fliese identischem Ton, aus rotem Ton und aus stark schamottiertem Ton.**

DIE SCHERBENSTÄRKE

Je nach Stärke nimmt der Scherben mehr oder weniger Oxidtusche auf. Die Absorption hängt zudem von der Feuchtigkeit des Scherbens ab. Das mag wie ein Detail erscheinen, aber es ist wichtig, denn ein Farbton kann je nach Dicke der Oxidtuscheschicht beträchtlich variieren. Das lässt sich auf jeder meiner Probefliesen feststellen, denn ich wische ihre untere Hälfte systematisch ab, um das Resultat der mit dem Schwamm aufgetragenen Oxidtusche zu beurteilen (vgl. Beispielfliese unten).
Um gleichmäßige Resultate zu erzielen, verwende ich 7 mm dicke Fliesen, die ich einige Minuten vor dem Auftrag der Oxidtusche kurz unter den Wasserhahn halte (ohne sie abzutrocknen). Dadurch sind sie staubfrei, aber nicht zu „durstig", was es ermöglicht, weniger oder zumindest schwächere Pinselstriche zu machen.
Natürlich hat ein geformtes Objekt nicht immer eine Stärke von 7 mm. Entweder ist es dicker und die Farbe wird etwas intensiver als auf der Fliese. Oder es ist dünner, dann ist das Problem etwas komplizierter (besonders unterhalb von 4 mm). In diesem Fall ist der Scherben sofort gesättigt und nimmt nur noch ganz wenig Oxidtusche auf; das kann zu einem langweiligen Ergebnis führen. Meine Lösung – die nicht perfekt ist – besteht darin abzuwarten, bis der Scherben trocknet, bevor ich eine zweite und dritte Schicht auftrage. Im Fall eines Ohres etwa oder wenn man einen dünnen Scherben beidseitig einfärben muss, empfehle ich, eine Seite einzustreichen und eine oder zwei Stunden zu warten, dass der Scherben trocknet, bevor man die andere Seite bestreicht.

ANMERKUNG

Die Sättigung des Scherbens wird neben dessen Dicke von Ihrer Arbeitsweise beeinflusst. Eine bei der Herstellung stark geglättete Oberfläche „trinkt" erheblich weniger.

DIE AUFTRAGSSCHICHT

Auf meine Fliesen trage ich drei Schichten Oxidtusche mit dem Pinsel auf, eine vertikal, eine horizontal und dann abschließend wieder eine vertikal. Sobald die Fliese trocken ist, wische ich einige Minuten später die untere Hälfte mit einem feuchten Schwamm wieder ab.
Meine Fliesen sind senkrecht unterteilt: ein glatter Teil links und ein strukturierter Teil rechts. Weil ich den unteren Bereich zuvor abgewischt habe, kann ich auf ein und derselben Fliese sehen, wie die Oxidtusche in dicker Schicht auf glattem Untergrund reagiert – oben links -, in dicker Schicht auf strukturiertem Untergrund – oben rechts - , in dünner Schicht auf glattem Grund – unten links – und in abgewischter Schicht auf strukturiertem Untergrund – unten rechts.
Wie Sie auf den meisten Fliesen feststellen, sind die Unterschiede ziemlich auffällig und lohnen die Mühe.
Diese Behandlung – das Abwischen eines Teils des Objekts – kann an sich schon eine Dekorationstechnik darstellen. Ausgehend von einer einzigen Oxidtusche erhalten Sie nämlich zwei Färbungen, die immer zusammenwirken (vgl. Skulptur „Boulding", S. 30).

► **Beispiel einer Probefliese.**

DER AUFTRAG

Um meine Skulpturen zu beschichten, benutze ich meistens einen Pinsel (auf exakt die gleiche Weise wie für das Bestreichen meiner Fliesen). Dadurch erspare ich mir Überraschungen, das Ergebnis ist quasi identisch mit dem der Fliesen. „Quasi", weil es kleine Unterschiede geben kann: Bestimmte, mehr oder weniger komplizierte Skulpturen sind natürlich schwieriger zu bestreichen als eine flach auf dem Tisch liegende Fliese. Die Fliese neigt durch ihre liegende Position zwangsläufig eher dazu, eine gute Menge Oxidtusche aufzunehmen als ein Objekt mit senkrechten Bereichen.
Das Problem verstärkt sich, wenn man beginnt, mit Abdeckungen zu experimentieren (Abklebeband, Latex oder Wachs), aber wo bliebe der Reiz des Kunsthandwerks, wenn alles einfach wäre?
Hier erlaube ich mir eine kleine Abschweifung vom Prinzip der Wiederholbarkeit: Wenn Sie eine gleichmäßige Schicht anstreben, muss die Oxidtusche aufgesprüht werden. Dafür benutze ich eine Spritzpistole mit einem Strahl von 0,7 mm. Aufgrund der starken Neigung von Oxidtuschen abzusinken, rate ich zu einer Spritzpistole.

Da die Oxidtusche sehr flüssig ist, ist der Scherben schnell gesättigt und Laufspuren sind manchmal schwer zu vermeiden. Bestimmte Mischungen sind leicht aufzutragen, aber bei anderen – ich denke besonders an die Mischungen mit Kaliumdichromatanteil – sind Laufspuren unausweichlich. Um dennoch möglichst gute Chancen zu haben, können Sie Ihrer Oxidtusche etwas Tapetenkleister (0,3 % des Flüssiggewichts) zufügen und warten, bis eine Schicht getrocknet ist, bevor Sie die nächste auftragen. Übrigens ist der Farbton, den eine aufgespritzte Oxidtusche ergibt, stets anders als der einer mit dem Pinsel aufgetragenen Oxidtusche.
Wie in der Einleitung schon gesagt, ist es natürlich möglich, einen Schwamm zu verwenden oder die Fliesen durch Eintauchen zu färben, aber ich habe diesbezüglich keine Tests gemacht.

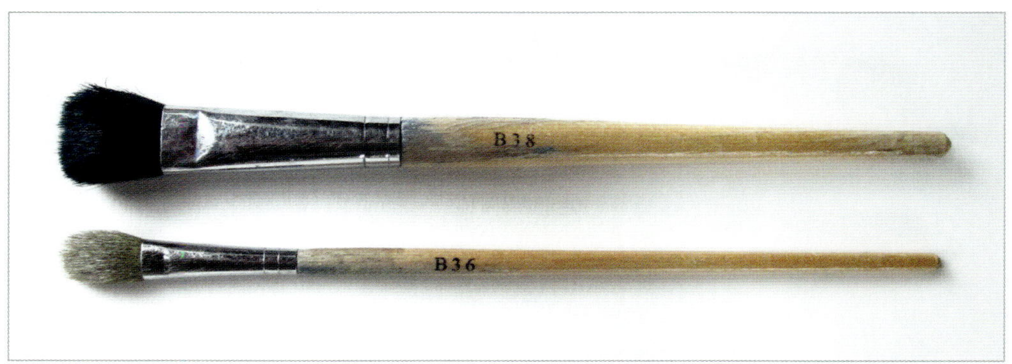

Für Oxidtuschen geeignete Pinselarten.

► Durchdrungener Turm. Kuppel und Sockel wurden mit Rezept 460 besprüht und die Säulen mit drei Schichten der Mischung 495 bepinselt.

► Probefliese für Rezept 460.

► Probefliese für Rezept 495.

DER BRAND

Alle meine Probefliesen werden im Elektroofen bei 1180 °C oxidierend gebrannt. Ich würde mit Sicherheit eine andere Farbpalette erhalten, wenn ich dieselben Oxidtuschemischungen reduzierend brennen würde, aber ich verfüge über keinen Gasofen und habe ohnehin schon zu viele Proben für den Elektroofen. Meine Objekte schrühe ich zunächst bei 950 °C, bevor ich die Oxidtuschen auftrage. Die Resultate wären wahrscheinlich anders, wenn ich die Schrühtemperatur verringern oder anheben und damit dem Ton mehr oder weniger Porosität verleihen würde, aber in dieser Richtung habe ich nie Versuche angestellt.
Es ist durchaus möglich, Oxidtusche auf ungeschrühte Rohware aufzutragen, aber das ist unendlich umständlicher als der Auftrag auf geschrühten Scherben. Rohware läuft Gefahr, Risse zu bekommen oder sich aufzulösen.
Für den zweiten Brand steigere ich die Temperatur auf 1180 °C mit einer 10-minütigen Pendelphase am Schluss, damit die Temperatur im Ofen gleichmäßig ist.
Ich bin zu dem Schluss gekommen, dass diese Temperatur für Oxidtuschen und für meine Arbeit am geeignetsten ist. Zuerst habe ich Tests bei 1250 °C gemacht und festgestellt, dass die Mehrzahl der Oxidtuschen zu dunkleren, verbrannt wirkenden Farben führt als beim Brennen bei einer niedrigeren Temperatur (ausgenommen Chrom und Titan, die von höheren Temperaturen profitieren). Ich habe auch mit einer niedrigeren Temperatur experimentiert (1150 °C), aber manche Oxidmischungen sind dabei nicht ausgeschmolzen. Auch bei 1180 °C können noch Reste von Oxidpulver zurückbleiben, die nicht geschmolzen sind, aber es genügt, diese oberflächliche Schicht mit einem Schwamm und Wasser abzuwaschen, um das Resultat zu sehen.
Der zweite Grund, warum ich mich auf diese Temperatur beschränkt habe, hängt eher mit anderen Überlegungen zusammen als mit den Oxiden. Je mehr die Temperatur nämlich angehoben wird, desto mehr steigt die Gefahr von Verformungen.
Diese 70 °C Unterschied zwischen 1250 °C und 1180 °C haben also den doppelten Vorteil, dass die Farben der Oxide leuchtender werden und das Risiko von Verformungen und Rissen verringert wird.

Mit denselben Mischungen bedeckte Fliesen.
Links wurde sie bei 1250 °C gebrannt, rechts bei 1180 °C.

Eine Frage, die mir immer wieder bezüglich der Brenntemperatur gestellt wird, ist: „Ist das Steinzeug?" Theoretisch wird Steinzeug bei über 1200 °C gebrannt, was hier nicht der Fall ist. Ein wichtigeres Thema in diesem Zusammenhang ist meiner Meinung nach, dass der Ton dicht sein muss, damit man ihn mit Flüssigkeit füllen oder nach draußen stellen kann. Ein Ton gilt als dicht, wenn er nicht mehr als 2 % seines Gewichts aufnimmt. Meine Objekte absorbieren 3 % Flüssigkeit. Manche stehen schon seit Jahren draußen, und weder der Scherben noch die Beschichtung mit Oxidtuschen weisen irgendeine Veränderung auf. Falls Sie Zweifel hegen, steht Ihnen die Verwendung eines keramischen Abdichtmittels für Keramik frei. Die gibt es in Baumärkten zum Abdichten von Wänden, und sie eignen sich perfekt, weil sie das Aussehen Ihres Überzugs aus Oxidtuschen nicht im Geringsten verändern.

ZUSAMMENFASSUNG DES PROTOKOLLS

- Cremefarbener Ton
- Dicke des Scherbens ± 7 mm
- Schrühbrand bei 950 °C
- Drei Schichten Oxidsaft auf den geschrühten Scherben aufpinseln
- Oxidierender Brand bei 1180 °C
- Falls nötig, das im Brand nicht geschmolzene Oxidpulver abwischen

ANWESENHEIT ANDERER OXIDE IM OFEN

Ich selbst habe nie Anzeichen gegenseitiger Beeinflussung der Oxide im Brand bemerkt (außer bei sich berührenden Objekten), aber es ist möglich, dass ein mit Zinnoxid bedeckter Scherben in Gegenwart einer großen Menge Chromoxid oder in der Nähe eines mit Chromoxid bedeckten Objekts in Rosa umschlägt.

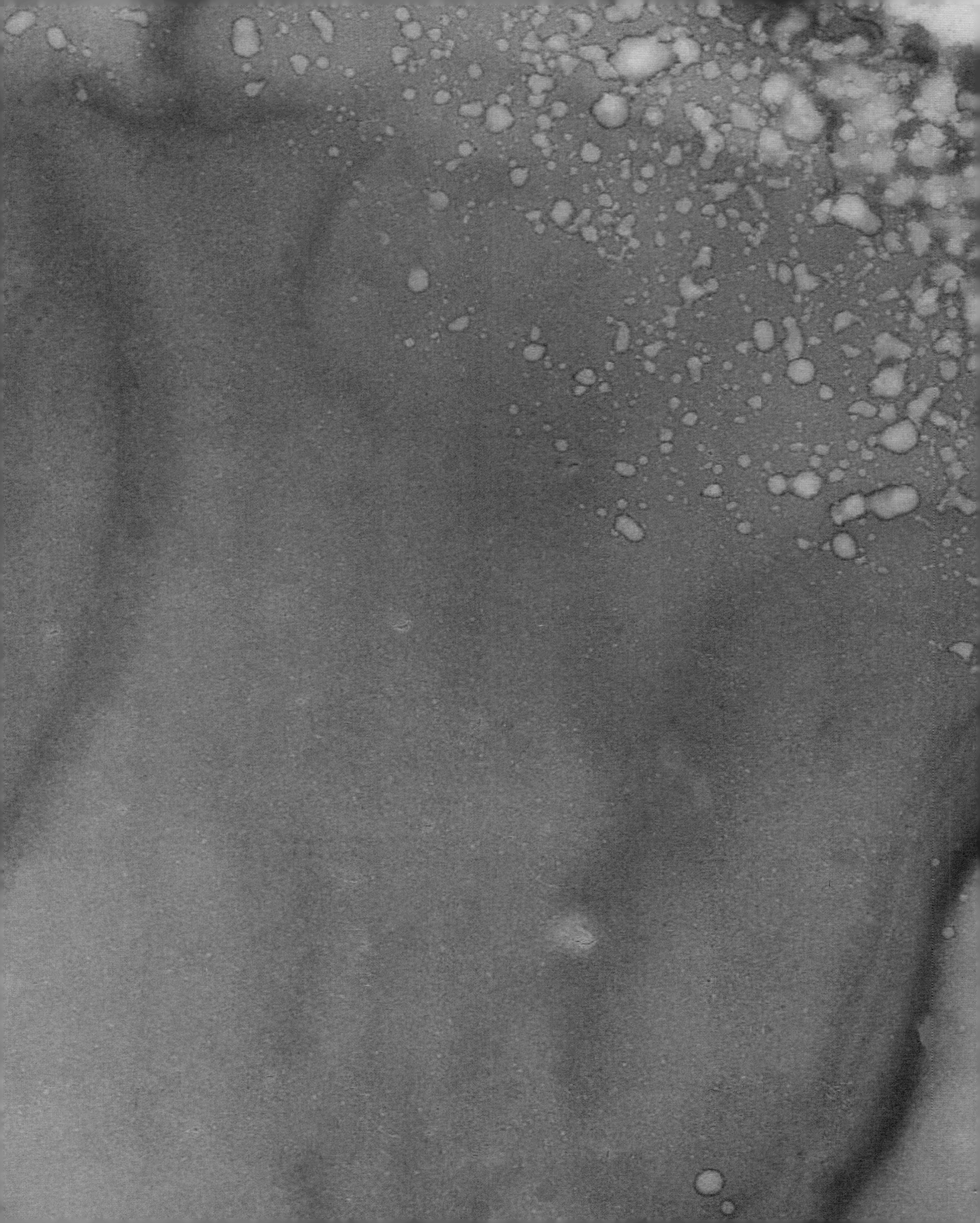

EINTEILUNG UND DOSIERUNG DER OXIDTUSCHEN

Der erste Kontakt mit Oxidtuschen und die ersten Tests mit ihnen können entmutigend sein. Allein die Frage der Dosierung der Tuschen mit Wasser ist komplex. Es gibt zwar Quellen, etwa im Internet, aber sehr selten mit einem Foto des entsprechenden Scherbens. Und selbst wenn man das Glück hat, den fraglichen Scherben zu sehen, weiß man nicht zwangsläufig auch, welcher Ton verwendet und bei welcher Temperatur gebrannt wurde. Eine weitere Schwierigkeit besteht darin, dass sich bei Oxiden (anders als bei Pigmenten, deren Farbe im Brand gleich bleibt) der Farbton radikal ändert.

Schließlich, nach Durchführung der grundlegenden Tests – jedes Oxid einzeln – und Festlegung zufriedenstellender Dosierungen, steht man vor der Unmöglichkeit, das Ergebnis der vorgenommenen Mischungen vorherzusagen. Oxide lassen sich nicht wie Malfarben mischen.

Die Methode, nach der wir die Mischungen konzipieren und die wir von klein auf praktizieren, ist das subtraktive System. Wir alle haben mehr oder weniger das Farbenrad mit der subtraktiven Farbmischung verinnerlicht (Mischung von Farben, im Gegensatz zum additiven System, das eine Mischung von Lichtern ist). Dabei wird, um ein Orange zu erhalten, Rot mit Gelb gemischt; für ein Rosa mischt man Rot und Weiß usw. Was die Oxide angeht, so fehlen uns nicht nur die Grundfarben, auch unser Farbsystem hält seine Versprechen nicht mehr. Man kann ein weißes Oxid mit einem braunen mischen und erhält ein Orange, ein grünes Oxid mit einem weißen für einen Rosaton. Das ist ziemlich verwirrend. Spontan neigen wir dazu, uns auf die Farboxide zu konzentrieren. Das ist normal, denn wir wollen ja unsere Objekte färben.

Wir stellen fest, dass Kobalt Blau ergibt, Chrom Grün, Eisen Rotbraun, und wenden uns von Oxiden wie Zink, Aluminium oder Antimon ab, die bestenfalls ein paar weiße Schlieren auf unseren Plättchen hinterlassen. Noch immer mit unserem Wissen über die Malerei versuchen wir uns daher an Mischungen von Farboxiden – und vernachlässigen die „farblosen" – und wir erhalten bis auf seltene Ausnahmen nur Brauntöne. Wahrlich entmutigend! Trotz der Anfänge, die arbeitsreich sein können, darf sich der Forscher in Sachen Oxidtusche nicht unterkriegen lassen und muss vor allem verstehen, dass wir auf dem Gebiet der Oxide die Automatismen der Farbmischung aufgeben müssen. Oxide mischt man nicht, man lässt sie interagieren.

► **Die Farbe der Oxide ändert sich im Brand radikal: Beispiele vor dem Brand (links) und danach (rechts).**

EINTEILUNG DER OXIDE

Ich habe in der Einleitung zu diesem Buch angegeben, dass ich 48 Produkte eingesetzt hatte, aber hier werden nur 45 davon erwähnt: Ich habe Kadmium, Bleiglätte und Bleimennige weggelassen, die in Europa verboten sind, sowie alle Rezepte, in denen sie vorkamen, und die sich übrigens als wenig erleuchtend herausgestellt haben.

Die Produkte sind in drei Kategorien eingeteilt: Die Farboxide, die Zusätze und die in Pulverform eingeführten Produkte. Die Farboxide führen zu Farbe. Die Zusätze allein führen zu nichts – nach dem Brand erscheint der Scherben nackt – oder bestenfalls zu Weiß. Sie beeinflussen die färbenden Oxide. Die in Pulverform eingeführten Produkte haben ebenfalls keine eigene Farbe und spielen die gleiche Rolle wie die Zusätze. Dadurch, dass die Farboxide von den anderen Produkten unterschieden werden können, wissen Neulinge von Anfang an, welcher Bestandteil mehr oder weniger stark dosiert werden muss, um eine Farbe satter oder blasser wirken zu lassen.

Ich habe vergeblich versucht, gleichwertige Prozentsätze von Konzentrationen zu finden, d. h. Dosierungen, die jedem der Farboxide die gleiche Farbsättigung und einen gleich intensiven Einfluss auf die anderen Farboxide verleihen.

Die Farboxide

IN DEN REZEPTEN VERWENDETE ABKÜRZUNGEN	NAME DES OXIDS	DOSIERUNGSANTEIL FÜR 100 ML WASSER (1 % = 1 G)	FARBE
Ka di	Kaliumdichromat	5 %	Grün-braun
Chr	Eisenchromat	5 %	Schwarz-braun
Ko	Kobaltoxid	2 %	Blau
Cr	Chromoxid	2,7 %	Schmutzig-grün
Fe g	Eisenoxid gelb	4 %	Dunkles Ziegelrot
Fe s	Eisenoxid schwarz	3 %	Purpur-braun
Fe r	Eisenoxid rot	4 %	Dunkles Ziegelrot
Ilm	Ilmenit	5 %	Nussbraun
Li	Lithiumkarbonat	10 %	Braun-gelb
Mn	Manganoxid	7 %	Dunkelbraun
Ni	Nickeloxid	8 %	Hell-schmutziges Grün
Wis Ni	Wismutnitrat	20 %	Blassgelb
Puis	Puisaye-Ocker	6 %	Ocker-rot
Ru	Rutil hell	16 %	Ocker-orange
Si C	Siliziumkarbid	5 %	Grau-blau gesprenkelt
Thiv	Thiviers-Steinzeug	6 %	Ziegelrot
Ti	Titanoxid	8 %	Blassgelb-orange
Vo	Vanadiumoxid (orange)	8 %	Braun-grün
Vg	Vanadiumoxid (grün)	8 %	Grau-grün

3 % Eisenoxid schwarz (Fe s) bedeutet z. B., dass ich 3 g Eisenoxid schwarz in 100 ml Wasser gebe.

Bei den Oxiden, die ich Zusätze genannt habe, habe ich versucht, durch Modulierung der Konzentrationen gleichstarke Auswirkungen auf die Farboxide zu erhalten. All das war vergeblich, denn es handelt sich um eine Utopie. Die Farboxide haben weder die gleiche Deckkraft noch die gleiche Leuchtkraft. Ihre Einflüsse aufeinander variieren und sind schwer in Mengenanteilen auszudrücken. Gleiches gilt für die Zusätze: Je nach Verbindung weisen die Farboxide mehr oder weniger starke Variationen auf. Trotzdem habe ich schließlich Prozentsätze für Konzentrationen festgelegt, um mit festen Grundlagen arbeiten zu können.

Die Zusätze

IN DEN REZEPTEN VERWENDETE ABKÜRZUNG	NAME DES OXIDS	DOSIERUNGSANTEIL FÜR 100 ML WASSER (1 % = 1 G)
SNi	Silbernitrat	7 %
Al	Aluminiumoxid	5 %
Ba	Bariumkarbonat	5 %
Ce	Ceriumoxid	6 %
Pa	Pottasche	10 %
Cu	Kupferoxid	4 %
Mg	Magnesiumkarbonat	5 %
Mo	Molybdänoxid	10 %
Am	Antimonoxid	8 %
Zi Si	Zirkonsilikat	12 %
Zn	Zinnoxid	8 %
Sr	Strontiumkarbonat	5 %
Zk	Zinkoxid	10 %

Wahrend ich die Farboxide und die Zusätze in flüssiger Form zubereite (siehe Kapitel „In der Praxis", S. 65), verwende ich die unten aufgeführten Produkte in Pulverform. Diese letzte Liste nennt den Namen des Produkts und die Abkürzung, die ich in den Rezepten verwende. Die einer Mischung zugefügten Prozentsätze werden in den Rezepten angegeben und in Bezug auf die Gesamtmenge der Oxidtuschen berechnet (stets nach dem Prinzip 1 ml = 1 g).
Aber warum habe ich Produkte in Pulverform zugefügt, wenn ich mit meiner Methode des Mischens von Flüssigkeiten so zufrieden war? Wenn ich mir nicht die Mühe gemacht habe, daraus flüssige Lösungen zu machen, dann, weil ich zu Beginn meiner Forschung beschlossen hatte, mich auf die Oxide zu beschränken, die ich besaß, um mein Experimentierfeld einzugrenzen. Erst später habe ich mich für diese Produkte interessiert. Die Kreide etwa erscheint zum ersten Mal erst auf Plättchen 211 (s. S. 89). Zu Unrecht versprach ich mir keinen großen Einfluss dieser Substanzen, und ich stellte mir vor, ich würde sie nur selten verwenden (daher lohnte es sich nicht, sich mit Tests abzumühen, um die idealen Proportionen von Lösungen zu bestimmen und sie in größeren Mengen herzustellen). Später habe ich sie weiter in dieser Form eingesetzt.

Eingeführte Pulver

IN DEN REZEPTEN VERWENDETE ABKÜRZUNG	PRODUKTNAME
Kreide	Calciumkarbonat (Kreide)
Kleister	Tapetenkleister
Frit Pb	Bleibisilikat-Fritte
Frit B-A	Bor-Alkali-Fritte
Ka	Kaolin
Gli	Glimmer
Na	Natriumkarbonat
P	Knochenasche (Phosphor)
S	Schwefel
Fsp	Flussspat
Quarz	Quarz (Silicium)
Talc	Talkum
Ton	Tonpulver WF

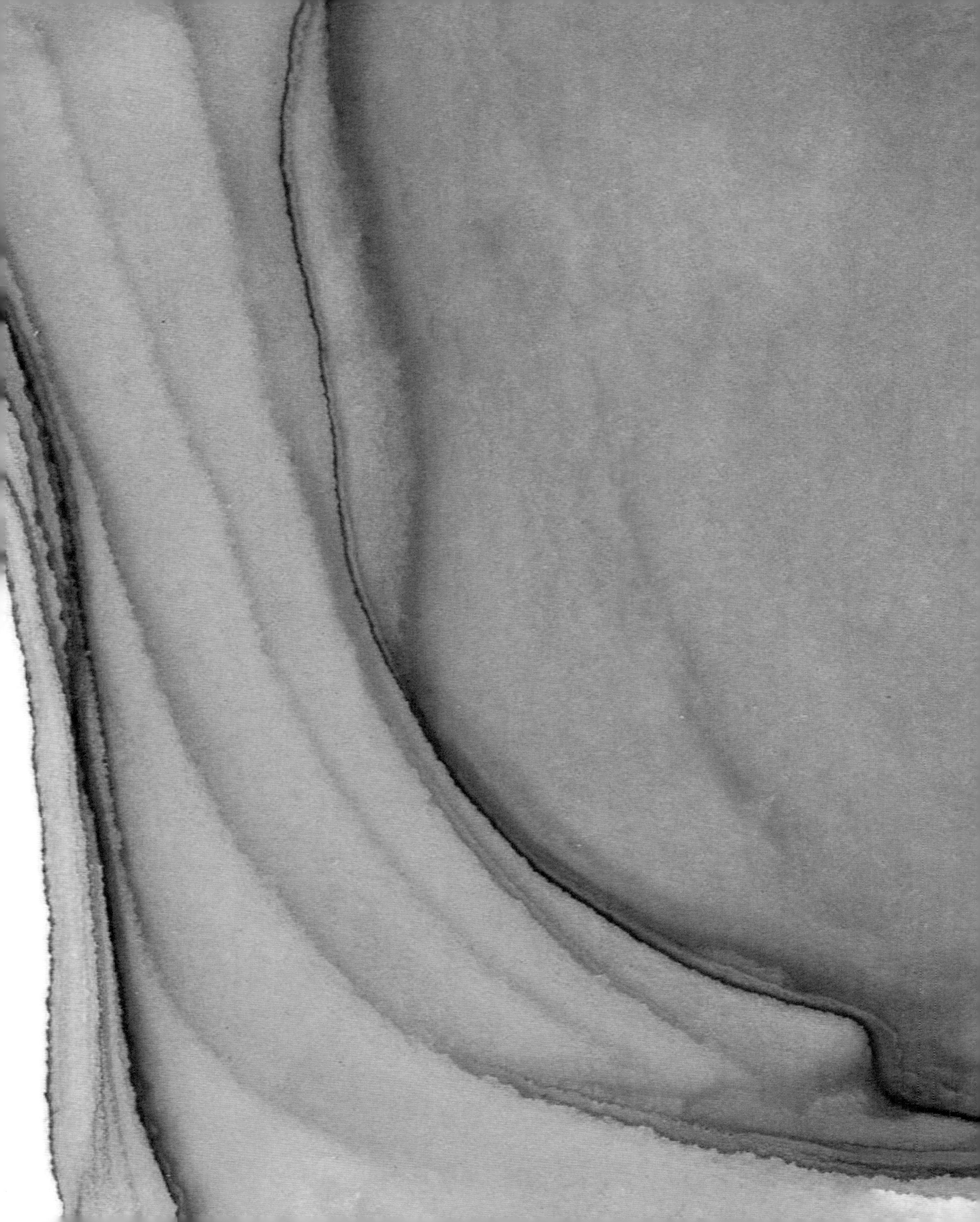

KAPITEL 3

DIE EINZELNEN OXIDTUSCHEN

Die Reihenfolge bei der Vorstellung der Oxidtuschen entspricht der Reihenfolge in den Klassifikationstabellen des vorherigen Kapitels.

Im Verlauf Ihrer Lektüre werden Sie feststellen, dass es bestimmte Oxide gibt, für die es keinen kurzen und knappen Kommentar gibt. Das bedeutet nicht, dass sie weniger interessant sind als die anderen. Wieder andere, die ich weniger anpreise, sind entweder tatsächlich nicht sehr interessant oder ich habe ihre Vorteile nicht bemerkt, weil ich sie nicht angemessen dosiert oder kombiniert habe.

DIE FÄRBENDEN OXIDTUSCHEN

Jede der vorgestellten färbenden Oxidtuschen wird von einer Beispielfliese und einigen Kommentaren zu ihren Eigenschaften begleitet. Sie werden feststellen, dass man, sobald man glaubt, eine feststehende Regel für die Oxide gefunden zu haben, auf eine Ausnahme stößt. Und das trifft um so mehr zu, je mehr man sich den Mischungen nähert.
Meine Anmerkungen stellen natürlich keine absoluten Wahrheiten dar, vielmehr handelt es sich um Feststellungen im Verlauf meiner Arbeiten und meiner Experimente. Da ich nicht alle herstellbaren Mischungen von Oxidtuschen ausprobiert habe und – nochmals - aufgrund ihres unberechenbaren Charakters kann es vorkommen, dass im Laufe Ihrer Versuche eine nie dagewesene Oxidverbindung meinen Beobachtungen widerspricht.

Kaliumdichromat 5 %

Wenn Kaliumdichromat pur in dem Anteil verwendet wird, den ich festgelegt habe, ist das Ergebnis wenig interessant. Ich habe ihm Tapetenkleister (0,3 %) beigemischt, um es zähflüssiger zu machen und in der Stärke auftragen zu können, die das gezeigte Resultat bewirkt. In einer Mischung verwendet, muss ihm kein Tapetenkleister beigemischt werden.

► **Probefliese mit Kaliumdichromat.**

Kaliumdichromat ist neben Wismutnitrat das einzige färbende Oxid, das sich in Wasser auflöst. Dieses Verhalten stellt nicht zwangsläufig einen Vorteil dar, wie Sie am unteren Ende der Fliese sehen können, wo es abgewischt wurde. Dort ist es kaum heller als der obere Teil und eignet sich daher nicht zum Betonen von erhabenen Stellen, wie es die anderen Oxide tun. Es handelt sich hierbei sogar um einen regelrechten Nachteil; unter einer Abdeckung (Latex, Abklebeband oder Wachs) dringt es in den Scherben ein, bewirkt Ölflecken – die manchmal sogar die Rückseite färben – und macht daher das saubere Einfärben eines begrenzten Bereiches unmöglich.
Wird es mit der Spritzpistole aufgesprüht, sättigt es den Scherben prompt und führt mit Sicherheit zu Laufspuren. Dieses Problem der Sättigung tritt auch bei der Mehrzahl der Mischungen auf, an denen es beteiligt ist. Daher rate ich eher zum Auftragen mit dem Pinsel.

In Kombination mit anderen Oxiden reagiert es wie Chrom. Es ist die Basis, die am einfachsten ins Rosa umschlägt, und im Kapitel „Die Oxidverbindungen" werden Sie sehen, dass es schade wäre, darauf zu verzichten.
Im Keramikbedarf findet man es nicht immer, aber man bekommt es auch in manchen Drogerien.

Eisenchromat 5 %

Eisenchromat ist im Gegensatz zu Kaliumdichromat das ideale Oxid für die Betonung erhabener Stellen. Man muss seinen Schwamm nicht befeuchten, es bewahrt seine Pulverform und lässt sich einfach abwischen. Wenn man den Scherben mit Wasser abwischt, bleibt nichts von ihm zurück. Es eignet sich auch für die Verstärkung anderer Oxide oder Mischungen, um Strukturen zu betonen.

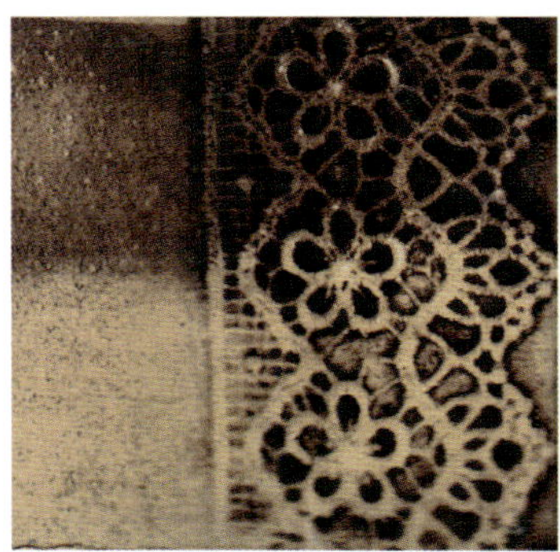

► **Probefliese mit Eisenchromat.**

In der Praxis: Das Eisenchromat auf den geschrühten Scherben auftragen und so abwischen, dass es nur in den Vertiefungen bleibt. Erneut schrühen und das Objekt mit der gewählten Oxidtusche bestreichen. Bei 1180 °C glattbrennen.

Kobaltoxid 2 %

Kobalt ist das intensivste Oxid, denn es beeinflusst alle anderen selbst in geringsten Dosen. Übrigens können Sie feststellen, dass es nur mit 2 % dosiert wird. Kobalt ist schwer aufzutragen, es neigt dazu, Pinselspuren oder Wolken zu hinterlassen. Dick aufgetragen wird es strahlend. Wenn man Kobalt in einer Mischung mit der Spritzpistole aufsprüht, wird es gerne „schwächer". Ich glaube, das liegt daran, dass es im Wasser schwebt, während die anderen Bestandteile im Farbtopf der Pistole absinken und als erste austreten. Abgesehen von Blautönen tritt Kobalt auch in fast allen Rezepten für

► **Probefliese mit Kobaltoxid.**

► *Pentomino d'automne* (Ausschnitt): Beispiel für die Verwendung von Eisenchromat zur Betonung der Strukturen.

Schwarz auf (siehe „Die Oxidverbindungen", S. 50). Was schwarze Farbtöne angeht, so ist es manchmal schwer, einen zu erzielen, der schön neutral ist; denn wenn es tatsächlich auf der Fliese so ist, kann die Schicht zu schwach oder zu ungleichmäßig ausfallen, wenn man eine Skulptur bemalt. Um ein deckendes, lichtdichtes Ergebnis zu erzielen, rate ich daher dazu, die Konzentrationen der in meinen Rezepten genannten Oxide zu verdoppeln.

Chromoxid 2,7 %

Chromoxid ist nicht leicht, gleichmäßig aufzutragen. Seine Basisfarbe mag nicht außergewöhnlich sein (auch wenn das eine Frage des Geschmacks ist), aber es übt großen Einfluss aus und ermöglicht insbesondere eine ganze Palette von Rosatönen. Um vollständig zu schmelzen, müsste Chrom bei über 1180 °C gebrannt werden, und wenn es Teil einer Mischung ist, müssen nach dem Brand Pulverreste vom Scherben abgewischt werden.

► Probefliese mit Chromoxid.

Bei Mischungen mit Chromanteil ergibt sich manchmal ein Problem. Wenn Sie einen schön gleichmäßigen Farbton erzielen wollen und Ihre Oxidtusche auf ein aus Platten aufgebautes Objekt spritzen, werden nach dem Brand an bestimmten Stellen, die Sie mit den Fingern berührt haben (und sei es nur bei der Handhabung) Spuren wieder sichtbar, die auf dem geschrühten Scherben unsichtbar waren. Es scheint, als läge das daran, dass die ausgesparten Bereiche eine andere Glätte aufweisen als die Bereiche, über die die Finger geglitten sind. Daher empfehle ich Ihnen, bei bestimmten Objekten die Oberfläche der geschrühten Platte vor dem Aufsprühen leicht mit Schmirgelpapier anzurauen.

► Probefliese für Rezept 148 (Chrom und Magnesium): unten links sind Fingerspuren sichtbar.

Eisenoxid rot 4 %

Wird in einem Rezept Eisenoxid ohne weitere Präzisierung erwähnt, handelt es sich für gewöhnlich um rotes Eisenoxid. Wie das gelbe Eisenoxid ist es leicht aufzutragen und bringt, wenn es mit einem feuchten Schwamm abgewischt wird, erhabene Stellen gut zur Geltung.
Manche Lieferanten keramischer Produkte empfehlen ein synthetisches rotes Eisenoxid, das röter oder „stärker" sein soll als das natürliche Eisenoxid, aber bei der Verwendung in Form von Oxidtusche kann ich keine Unterschiede erkennen.

► Probefliese mit Eisenoxid rot.

Eisenoxid gelb 4 %

Dieses Oxid lässt sich leicht auftragen und mit einem feuchten Schwamm abwischen, sodass es erhabene Stellen schön zur Geltung bringt. Ungemischt verwendet ergibt es die gleiche Farbe wie das rote Eisenoxid, erst in Mischungen weisen diese beiden Eisensorten Unterschiede auf.

► Probefliese mit Eisenoxid gelb.

Ilmenit 5 %

Ilmenit ist ein Mineral, das vorwiegend aus Eisenoxid, Titan und anderen Oxiden in geringen Mengen besteht. Es ist leicht aufzutragen, verhält sich wie die anderen Eisenoxide und ermöglicht das Betonen erhabener Stellen.

► Probefliese mit Ilmenit.

Eisenoxid schwarz 3 %

Es ist von brauner, leicht violetter Farbe und weniger leicht aufzutragen als die beiden anderen Eisensorten (Wolkenbildung). Erhabene Stellen bringt es gut zur Geltung.

► Probefliese mit Eisenoxid schwarz.

Lithiumkarbonat 10 %

Lithiumkarbonat versintert und sieht aus wie eine Glasur. Die gleiche Wirkung übt es auf die Oxide aus, mit denen es kombiniert wird. Daher habe ich es sehr selten verwendet, denn das ist nicht die Optik, die ich bei der Verwendung der Oxide erzielen will.

► Probefliese mit Lithiumkarbonat.

Manganoxid 7 %

Manganoxid ist leicht aufzutragen, deckt gut und übt starken Einfluss auf die anderen Farboxide aus, die es ins Bräunliche zieht. Wie Kobalt neigt es zum glänzen, wenn es zu dick aufgetragen ist. Außerdem ist es in den meisten Rezepten für Schwarz enthalten.

► **Probefliese mit Manganoxid.**

Puisaye-Ocker 6 %

Hierbei handelt es sich um ein Eisengestein aus Ton und Eisenoxid. Wie die anderen Eisenoxide lässt es sich leicht auftragen und betont die erhabenen Stellen gut. Pur verwendet ähnelt Puisaye-Ocker stark den gelben und roten Eisenoxiden, es scheint stärker auf die Zusätze zu reagieren.

► **Probefliese mit Puisaye-Ocker.**

Nickeloxid 8 %

Nickeloxid lässt sich nicht leicht auftragen (Wolken). Verwendet man eine Mischung mit Nickelanteil, muss der Scherben nach dem Brand oft von seinen nicht geschmolzenen Pulverresten gesäubert werden.
Es ergibt an sich ein wenig verlockendes Braun, aber in dem Teil über Oxidmischungen werden Sie sehen, dass es zu interessanten Grüntönen führt, wenn es mit anderen Oxiden kombiniert wird.

► **Probefliese mit Nickeloxid.**

Rutil hell 16 %

Rutil ist ein Mineral aus Titandioxid. Pur verwendet, ist es leicht aufzutragen, aber in Kombination mit anderen Oxiden ist es oft launisch und wird „sandig“ (Rezepte 241 und 242, S. 91, oder 304, S. 95). In dicker Schicht aufgetragen erscheint es als winzige Plättchen, die in der Sonne glänzen und funkeln.

► **Probefliese mit Rutil hell.**

Wismutnitrat 20 %

Wismut muss stark dosiert werden, um ein blasses Gelb zu erzielen. Es glänzt wie eine Glasur (aber wie eine schlecht, dünn und unregelmäßig aufgetragene). Diese glänzende Optik verleiht es den Mischungen, an denen es beteiligt ist.
Mit Wismutnitrat habe ich nur sehr wenige Versuche gemacht, weil ich nichts Zufriedenstellendes dabei erreichte. Außerdem ist dieses Nitrat sehr teuer.

► **Probefliese mit Wismutnitrat.**

Siliziumkarbid 5 %

Siliziumkarbid hat es bei meiner Einteilung gerade noch in die Gruppe der Farboxide geschafft. Wie man bei der Probefliese sieht, ergibt es ein gesprenkeltes, sehr blasses Graublau.
Ich habe einige Tests gemacht, die Sie in den Rezepten sehen können, aber nichts von Belang.

► **Probefliese mit Siliziumkarbid..**

Thiviers-Steinzeug 6 %

Thiviers-Steinzeug ist ein Gestein, das hauptsächlich aus Quarz und Eisenoxid besteht. Es verhält sich wie die anderen Eisenoxide, außer dass es etwas schwieriger aufzutragen ist.

Titanoxid 8 %

Titanoxid ist einfach aufzutragen und erleichtert sogar den Auftrag der anderen Oxide. Sein heller Farbton eignet sich nicht zum Hervorheben erhabener Stellen.
Titan ist das einzige Oxid, das, wenn es als einziges mit anderen Farboxiden gemischt ist, andere Farben als Braun ergibt (abgesehen von der Kombination Chrom und Kobalt). Dabei übergehe ich Wismutnitrat und Lithiumkarbonat absichtlich, die nie zu Ergebnissen nach meinem Geschmack geführt haben.

Vanadiumoxid (orange) 8 %

Die Präzisierung „orange" überrascht vielleicht, aber ich habe festgestellt, dass es zwei Varianten von Vanadiumoxid gibt.
Zuerst habe ich ein Vanadium verwendet, das als grünliches Pulver vorlag und zu keinen schönen Ergebnissen führte (siehe Vanadiumoxid grün, gegenüber).
Das Vanadiumoxid orange stammt von einem anderen Lieferanten. Es ist ein orangefarbenes Pulver mit, wie mir scheint, geringerer Korngröße. Es kann sein, dass es bei der Herstellung von Glasuren oder Engoben keinen erkennbaren Unterschied zwischen den beiden Varianten gibt, aber im Bereich der Oxidtuschen ergibt das Vanadium orange die besseren Resultate. Es bewirkt ein rötliches Braun, wenn es dick aufgetragen ist, und in dünner Schicht ein bräunliches Grün. Diese Eigenschaft ist sehr interessant für das Dekorieren, denn wenn man bestimmte Bereiche abwischt und andere nicht, erhält man eine zweifarbige Keramik mit einer einzigen Oxidtusche.

► Probefliese mit Thiviers-Steinzeug.

► Probefliese mit Titanoxid.

► Probefliese mit Vanadiumoxid (orange).

► *Boulding*: Beispiel für ein zweifarbiges Objekt unter Verwendung von an den Kanten abgewischtem Vanadium.

Beide Vanadiumvarianten haben die Eigenschaft, dass sie in der Form von Oxidtusche nicht haltbar sind. Einmal zubereitet, nehmen sie nach ein paar Tagen die Konsistenz eines Schlickers an, der schwer zu verstreichen ist, und werden anschließend dick wie Gelatine. Daher darf man sie erst im letzten Moment zu einer Oxidtusche verarbeiten.
Ich habe es mit 8 % dosiert, aber wie Sie in den meisten Rezepten sehen werden, verwende ich es lieber in doppelter Konzentration (16 %).

Vanadiumoxid (grün) 8 %

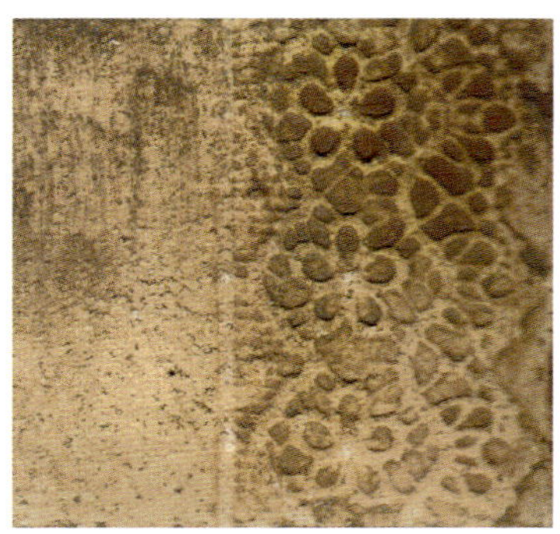

▶ Probefliese mit Vanadiumoxid (grün).

Hierbei handelt es sich um die grüne Variante des oben erwähnten Pulvers.
Wie Sie feststellen können, ist diese Vanadiumoxidvariante, gelinde gesagt, schwer aufzutragen. Zudem verleiht es allen Mischungen, in denen es überwiegt, sein körniges Aussehen.
Man kann es verwenden, um Farben zu dämpfen, auch wenn die meisten von Oxidtuschen generierten Farben ohnehin schon gedämpft wirken.
Wie das Vanadium orange lässt es sich nicht in Form von Oxidtusche lagern und darf daher frühestens ein paar Tage vor der Verwendung zubereitet werden.
Eine überraschende Anekdote: Ich hatte eine Tusche mit Vanadium zubereitet, um möglichst gut das Braun einer Nussschale zu imitieren (zur Information: Ru + Vv + Ilm + 15 % Kochsalz). Nicht wissend, dass die Mischung sich mit der Zeit verändert, habe ich sie beiseite gelassen, und als ich sie wieder verwendete, war sie dunkler geworden. Einige Zeit später die gleiche Feststellung: Bevor sie die Konsistenz von Schlicker annahm, wurde sie mit der Zeit dunkler. (Im vorliegenden Fall war das aber nicht schlimm, denn es gibt Nüsse, deren Schale mehr oder weniger gründlich gesäubert ist).

DIE ZUSÄTZE

Der Charakter der Oxide in dieser Kategorie lässt sich am besten als „beeinflussend" zusammenfassen. Diese Oxide führen für sich verwendet zu keinen Farben: entweder lassen sie den Scherben nackt oder sie färben ihn weiß oder sie hinterlassen wie beim Sonderfall Kupfer schwärzliche Spuren. Daher kann man nicht von Färbemitteln sprechen. Dennoch ist es undenkbar, auf sie zu verzichten. Ohne ihren Einfluss wäre man auf eine Palette aus Brauntönen, einigen Grüntönen und einer Handvoll schmutziger Blautöne beschränkt.
Mehr noch als bei den färbenden Oxidtuschen wäre es riskant, Leitlinien für Zusätze aufzustellen, aber gewisse Konstanten lassen sich erkennen. Und natürlich deren Ausnahmen.

Silbernitrat 7 %

Silbernitrat selbst lässt den Scherben nackt. Ich habe es zweimal getestet, und außer dass es die Farbe verschmutzte (Rezept 187, S. 88) oder das Titan sehr leicht verstärkte (Rezept 188, S. 88), hat es keinen erkennbaren Einfluss, der mich reizen würde, meine Forschungen fortzuführen, zumal sein Preis abschreckend ist.

Aluminiumoxid 5 %

Es ist schon allein deshalb interessant, weil es Kobaltblau satter und leuchtender erscheinen lässt. Auch die Sättigung anderer Farboxide verstärkt es leicht.

Bariumkarbonat 5 %

Ich habe Bariumkarbonat hauptsächlich in Verbindung mit Kupfer getestet – irgendwo hatte ich gelesen, dass zwischen den beiden eine interessante Interaktion stattfindet –, aber ich habe nicht die richtigen Proportionen gefunden. Vermischt mit anderen Oxiden scheint es diese etwas aufzuhellen, aber nicht mehr, als wenn ich Wasser zugefügt hätte. Und das ist vielleicht auch nicht schlecht, denn Barium ist giftig.

Ceriumoxid 6 %

Seine Wirkung ist schwer zu beschreiben. Es ändert den Farbton der Farboxide leicht und macht sie blasser (z. B. Rezepte 54, S. 80, und 180, S. 88) Auch wenn es lange nicht der Star unter den Zusätzen ist, so führt es doch zu interessanten Ergebnissen.

Achtung: Das für das Polieren von Glas verwendete Ceriumoxid ist nicht das gleiche, das für Keramik verkauft wird. Der Unterschied liegt vielleicht nur in der Korngröße, aber jedenfalls ist seine Wirkung im Bereich der Oxidtuschen schwächer.

Pottasche 10 %

Pottasche löst sich wie sein färbender Verwandter Kaliumdichromat in Wasser auf. Den Farbton der Farboxide verändert es kaum, außer beim Vanadium, das einfach von Braun in Graubeige übergeht. Die unten gezeigte Fliese 337 wurde nur mit 16 %igem Vanadium orange behandelt. Bei der 443 habe ich Pottasche eingearbeitet.

Weil ich Anekdoten so sehr mag: Das Rezept 443 ergibt ein meliertes Graubeige, das ich für das Färben einer Skulptur verwenden wollte. Daher habe ich die Mischung (Vanadium orange/Pottasche) am Vortag zubereitet, und als es soweit war, hatte die Pottasche das Vanadiumpulver aufgelöst. Auf dem Scherben trat die melierte Optik nicht mehr auf.

Probefliese für die Rezepte 337 und 443.

Kupferoxid 4 %

Manch einer wird sich wundern, warum das Kupfer in dieser Kategorie gelandet ist, denn es hat den Ruf eines Färbemittels. Es färbt nämlich Glasuren grün oder blau bzw. rot im Reduktionsbrand, aber pur in Oxidtusche verwendet, ergibt es nur einige schwarzbraune Schlieren. Man könnte meinen, dass es im Brand „verdunstet".

Probefliese mit Kupferoxid.

Wenn man seine Konzentration stark erhöht, ergibt es tatsächlich Schwarz, aber es senkt den Schmelzpunkt des Tons so sehr, dass dieser völlig verformt den Ofen verlässt.

Ein kleiner Test, bei dem ich Kupfer direkt mit Ton vermischt habe, zeigte, dass der Ton im Brand aufgekocht ist.

Durch Versuche ist es mir schließlich gelungen, ein Schwarz zu erhalten, indem ich dem Kupfer eine Bleifritte beifügte (Rezept 250, S. 91) sowie im Zusammenspiel mit Kreide ein leuchtendes Grün (Rezept 264, S. 92), aber aufgrund der oben erwähnten Probleme mit dem Schmelzpunkt kann ich Kupferoxid nicht als Farboxid empfehlen.

Auch wenn es in einfachen Mischungen (1 Farboxid + Kupfer) keinen interessanten Einfluss ausübt, habe ich festgestellt, dass es in aufwendigeren Rezepten mit Zinn oder Kreide (Rezepte 327, S. 96, 378, S. 99, und 497, S. 106) reagierte (als Flussmittel?).

Ich verwende schwarzes Kupfer. Es gibt auch rotes, aber wegen der wenig aufschlussreichen Ergebnisse damit als Farboxid reizt es mich nicht, diese Experimente fortzuführen.

Beispiel von aufgekochtem Ton.

Magnesiumkarbonat 5 %

Magnesiumkarbonat wirkt auf Farboxide aufhellend. Es kann auch die Farbe von Chrom radikal ändern, die von Grün zu sandfarben übergeht.

Manchmal macht es den gleichmäßigen Auftrag der Farboxide kompliziert und oft muss es nach dem Brand abgewischt werden (nicht geschmolzene Reste).

Molybdänoxid 10 %

Mit diesem Oxid habe ich nur sehr wenige Versuche gemacht. Es hat die getesteten Farboxide ganz leicht dunkler gemacht.

Antimonoxid 8 %

Antimonoxid ändert die Farbtöne der Farboxide und macht sie leuchtender. Das gilt besonders für die Eisenoxide. Seine „erleuchtende“ Wirkung wird verstärkt, wenn es mit Zinkoxid zusammen verwendet wird.
Oft verleiht es dem Farboxid, das es beeinflusst, ein unscharfes, wie verwaschenes Aussehen.

► **Fliese 219: Beispiel für verwischte Optik bei Antimon.**

Zirkonsilikat 12 %

Es wird oft mit Zinnoxid verglichen und stattdessen verwendet, weil es weniger kostet, aber für die gleiche Wirkung muss es stärker dosiert werden.
Es macht das Oxid, mit dem es kombiniert wird, zwar blasser, aber es macht es weder trüb noch matt. Gegenüber dem Zinn hat es einen Vorteil: Bei den meisten Kombinationen hinterlässt es weder Spuren noch weißliche Wolken. Dennoch reagiert es nicht wie Zinn, wenn es mit Kreide kombiniert wird (siehe unten).

Zinnoxid 8 %

Es macht bleich, matt und trüb. In kleinen Mengen kann es den Auftrag der Farboxide erleichtern, aber wenn es stärker dosiert wird, hinterlässt es weiße Spuren.
In Kombination mit Kreide bewirkt es das Rosa von Chrom (Rezept 211, S. 89). Diese Verbindung Zinn und Kreide führt auch zu spektakulären Farbvariationen bei der Mehrzahl der Farboxide (Rezepte 395, S. 100, 427 und 436, S. 102).

► **Probefliese mit pur verwendetem Zinn.**

Strontiumkarbonat 5 %

Mir schien, als hätte es keine Wirkung, aber ich habe es zu wenig getestet, um mehr dazu sagen zu können.

Zinkoxid 10 %

Zinkoxid übt einen starken Einfluss auf Farbe und Sättigung der Farboxide aus.
Es ist eines der nützlichsten Oxide, um die Farbpalette zu erweitern. In Form von Oxidtusche verdirbt es manchmal mit der Zeit: Das Zink verklumpt und bildet Plättchen, dann muss man eine neue Mischung herstellen, sonst könnten die Ergebnisse darunter leiden.

IN PULVERFORM EINGEFÜHRTE PRODUKTE

Kreide (Calciumkarbonat)

Außer um zusammen mit Kupferoxid ein Grün zu erlangen, habe ich Kreide selten anders verwendet als in Kombination mit Zinn, um die Farboxide zu beeinflussen. Es sei erwähnt, dass die Wirkung der Farbtonveränderung nicht mehr eintritt, wenn man das Zinn durch Zirkonsilikat ersetzt. Die Rezepte 211 und 289 enthalten eine Mischung aus Chrom und Kreide, der beim ersten Rezept Zinn und beim zweiten Zirkonsilikat beigefügt wurde.

► **Probefliese für die Rezepte 211 und 289.**

Tapetenkleister

Er hat keinen Einfluss auf die Oxide, sondern dient dazu, die Oxidtusche zähflüssiger zu machen und in dicker Schicht aufzutragen. Diese Tugend ist besonders insofern interessant, als sich bei bestimmten Mischungen je nach Auftragsstärke der den Scherben bedeckenden Tusche der Farbton ändert.
Konkret bedeutet das: Wenn man auf der strukturierten Seite der Probefliese schöne Farbtöne entdeckt, kann man diese auf einer glatten Oberfläche reproduzieren, indem man einfach der Basismischung etwas Tapetenkleister hinzufügt.
Auf der Fliese 73 (Ti + Ni + Zk) ist eine Laufspur von oben zur Mitte erkennbar. Da dieser Bereich nicht abgewischt wurde, schließen wir daraus, dass diese Farbe das Ergebnis der dick aufgetragenen Oxidtusche ist. Und tatsächlich wird die Fliese 247, die mit derselben Mischung unter Zugabe von Tapetenkleister bedeckt ist, grün.

► Probefliese für die Rezepte 73 und 247.

Generell dosiere ich den Kleister mit 0,3 % der Mischung – also 0,3 g pro 100 ml –, aber es kommt vor, dass der Kleister bei manchen Rezepten gar nichts bewirkt. Bestimmte Oxide scheinen die Wirkung des Kleisters abzuschwächen, die Mischung wird nicht dicker. In diesem Fall steigere ich die Dosis schrittweise, bis meine Tusche die richtige Konsistenz annimmt. Berücksichtigen Sie, dass Tapetenkleister knapp eine Viertelstunde braucht, um zu verflüssigen.
Schließlich kann Kleister beim Aufsprühen dabei helfen, dass die Oxidtusche am Scherben haftet. Man sollte darauf achten, bei geringen Dosierungen zu bleiben, denn wenn die Tusche zu dick ist oder zu stark haftet, kann sie die Düse der Spritzpistole schnell verstopfen.

Bleibisilikat-Fritte

Diese Fritte ist ein Flussmittel, d. h. dass sie das Schmelzen der Oxide fördert. Abgesehen von diesem Absenken der Schmelztemperatur beeinflusst die Fritte je nach Zusammensetzung auch die Oxide. Die hier gezeigten Plättchen 385 und 384 sind mit derselben Dosis Vanadiumoxid (orange) gefärbt, aber bei Plättchen 384 unter Zugabe von Bleifritte. Seine Funktion geht also weit über das Vermeiden von Pulverresten hinaus, die das Ergebnis eines Brandes bei zu geringer Temperatur wären.

► Probefliese für die Rezepte 385 und 384.

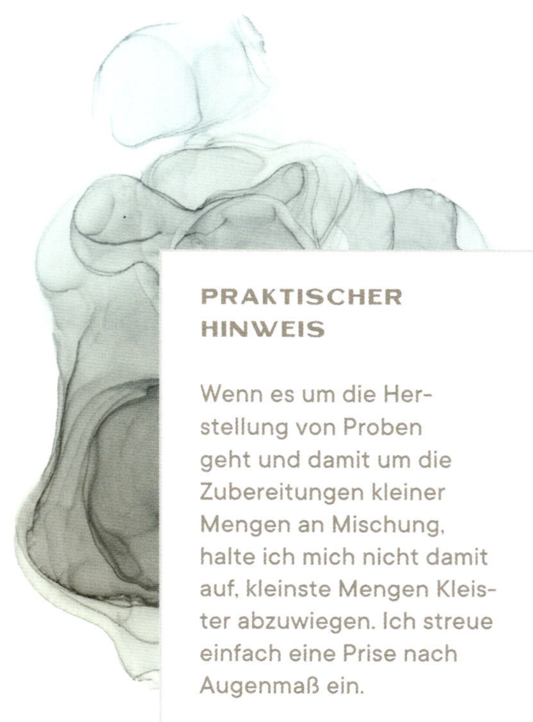

PRAKTISCHER HINWEIS

Wenn es um die Herstellung von Proben geht und damit um die Zubereitungen kleiner Mengen an Mischung, halte ich mich nicht damit auf, kleinste Mengen Kleister abzuwiegen. Ich streue einfach eine Prise nach Augenmaß ein.

Bor-Alkali-Fritte

Wie die vorherige Fritte dient auch diese dem besseren Schmelzen der Oxide. Interessant an der Verwendung mehrerer Arten von Fritten ist, dass man zu unterschiedlichen Ergebnissen kommt, weil ihre Zusammensetzung die Oxide beeinflusst. Die unten gezeigten Fliesen 250 und 251 sind mit derselben Dosis Kupfer bedeckt, bei der 250 in Verbindung mit Bleifritte, bei der 251 verbunden mit Bor-Alkali-Fritte.

► **Probefliese für die Rezepte 250 und 251.**

Kaolin

Da Kaolin über einen sehr hohen Schmelzpunkt verfügt (1800 °C), habe ich mir gesagt, dass es den umgekehrten Effekt einer Fritte haben müsste, also die Schmelztemperatur der Oxidmischung, an der es beteiligt ist, zu steigern. Ich weiß nicht, ob meine Hypothese stimmt, aber sein Einfluss ist nicht zu leugnen. Vergleichen Sie links das pure Kobalt mit dem Plättchen 446, das mit 10 % Kaolin angereichert ist. Letzteres ist heller und trüber.

► **Probefliese für Kobalt und Rezept 446.**

Glimmer

Glimmer liegt in Form von kleinen goldigen Plättchen vor und bewahrt dieses Aussehen auch nach dem Brand. Ich habe ihn nur einmal mit Kobalt zusammen getestet (Rezept 421, S. 101). Er hat keinen Einfluss auf die Oxide, sondern begnügt sich damit zu glitzern. Vielleicht ansprechend für einen Disko-Bildhauer!

Natriumkarbonat

Damit habe ich nur sehr wenige Tests gemacht und mir ist nichts Besonderes aufgefallen.

Knochenasche

In der Tabelle der pulverförmigen Produkte habe ich „Phosphor (Knochenasche)" geschrieben, weil den Oxidtuschen durch Knochenasche Phosphor zugefügt wird.
Sie übt eindeutig einen Einfluss auf die Oxide aus, aber es ist mir nicht gelungen, diesen hinreichend zu beschreiben. Auf dem Plättchen 260, S. 92 bewirkt sie eine Verdunklung des gelben Eisenoxids.

Schwefel

Mit Schwefel habe ich zwei Tests durchgeführt (Rezepte 489 und 490, S. 106). In Kombination mit Eisenoxid gelb hat er lediglich einige gelbe Spuren auf den erhabenen Stellen hinterlassen. Abgesehen von diesem armseligen Ergebnis ist er wasserabweisend und daher unmöglich mischbar, was den Auftrag der Oxidtuschen sehr kompliziert gestaltet.

Flussspat

Irgendwo habe ich gelesen, dass Flussspat in Kombination mit Zinn dazu führt, dass Chrom (ursprünglich grün) in rosa umschlägt. Es war mir bereits gelungen, diese Reaktion mit einer Mischung aus Zinn und Kreide hervorzurufen, aber ich wollte überprüfen, ob das Ergebnis mit Flussspat vielleicht besser ausfiele.
Die Fliese 211 ist die Frucht der Mischung Chrom + Zinn + Kreide, und die 291 das Ergebnis der Mischung Chrom + Zinn + Flussspat in den gleichen Proportionen. Letzteres weist eine verwitterte Optik auf, daher habe ich mich in der Folge an mein Ursprungsrezept gehalten.

► Probefliese für die Rezepte 211 und 291.

Quarz

Abgesehen von Fliese 275, S. 93, die zeigt, dass der Quarz es dem Kupfer ermöglicht hat, mehr schlecht als recht ein Grün hervorzubringen, scheint dieses Siliciumoxid nicht mit den Farboxiden zu interagieren. In höherer Dosierung hinterlässt es einen weißen Schleier auf der Farbe, was nicht zu weiteren Nachforschungen anregt.

Talkum

Talkum in geringer Dosierung (weniger als 15 %) macht die Farbe matt. In höherer Dosierung macht es sie blass und hinterlässt unangenehme weiße Wolken.

Ton

Es handelt sich um Gießmasse in Pulverform. Ich verwende einen Ton mit der gleichen Farbe wie die, die ich für das Modellieren nehme, nämlich cremefarben.
Meine Idee war, die Tusche dicker zu machen, wie zuvor mit dem Kleister, um eine dickere Schicht auf meinen Scherben zu bekommen. Das funktioniert gut, und trotz einer vorhersehbaren trübenden Wirkung lässt sich die Tusche oft leichter auftragen. Schließlich hat der so hinzugefügte Ton in bestimmten Rezepten einen Einfluss auf die vorhandenen Oxide.
Das gilt für die Plättchen der Rezepte 254 und 428, die mit derselben Mischung bedeckt sind, aber bei der 428 mit 5 % Ton.
Sie werden feststellen, dass ich das Tonpulver in geringer Dosis (meist 3 oder 5 %) verwende, um die Tuschen nicht in Engoben zu verwandeln und ihre charakteristische Lichtdurchlässigkeit zu erhalten.

► Probefliese für die Rezepte 254 und 428.

► *L'addict. Beispiel für ein nach dem Beschichten mit Oxidtuschen mit einer Transparentglasur bedecktes Objekt. Die Stufen und die Tunnel wurden nicht glasiert. Die Farbvariationen rühren daher, dass die Transparentglasur auf eine Schicht Oxidsaft aufgesprüht wurde. Wären die Oxide direkt in Pulverform mit der Glasur gemischt worden, wäre die Optik einheitlich geworden.*

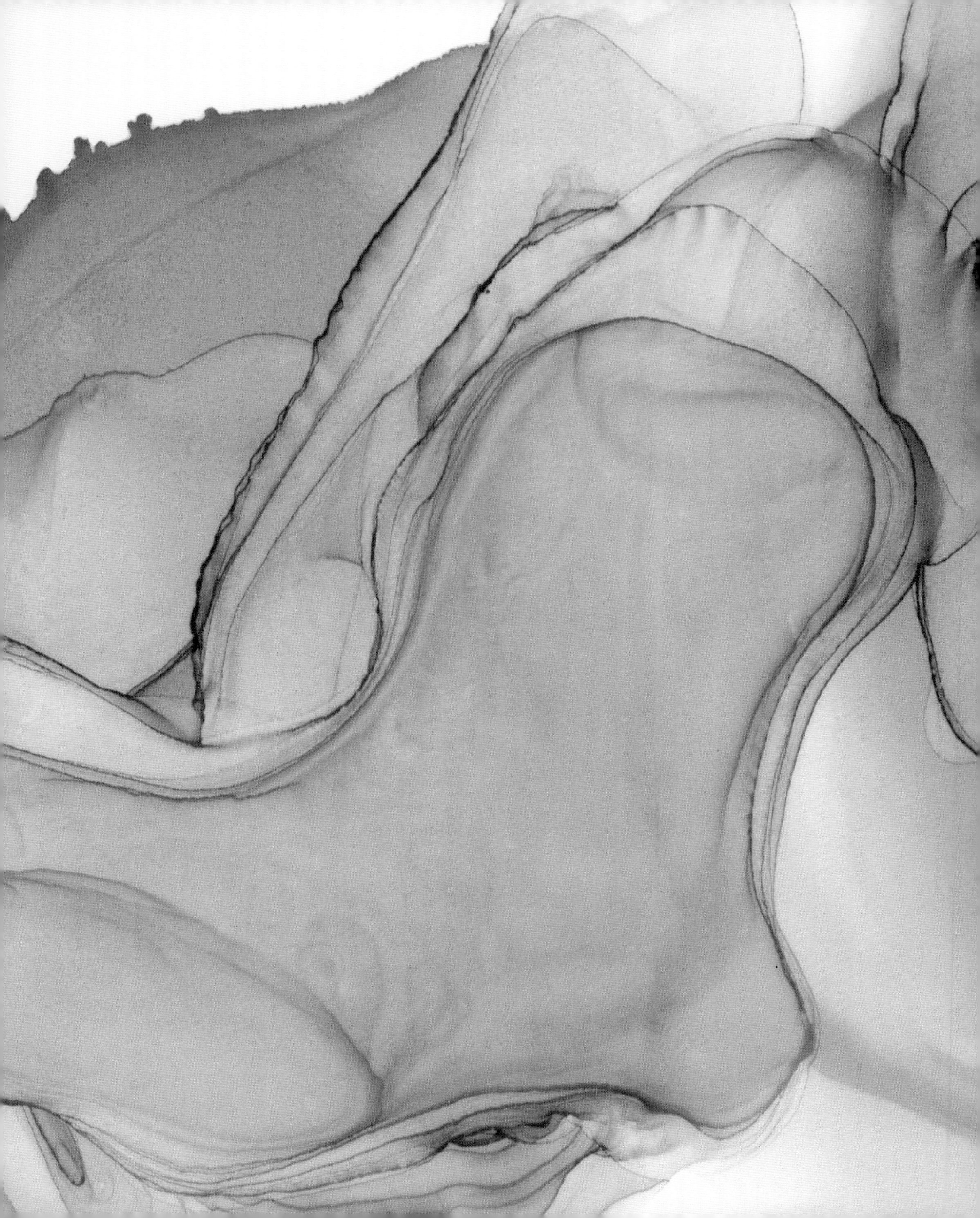

KAPITEL 4

DIE GRUND-AUSSTATTUNG

Um mit der Verwendung von Oxidtuschen zu beginnen, ist es nicht nötig, alle in diesem Buch erwähnten Produkte zu erwerben.
Hier folgt eine Liste der Produkte, die ich in meinen Rezepten verwende, von den am meisten bis zu den am wenigsten verwendeten Produkten. Diese Bestandsaufnahme hat natürlich nur Hinweischarakter in dem Maß, wie die mit meinen Mischungen erzielten Farbtöne nicht unbedingt die sein müssen, die Sie interessieren.

KOBALTOXID

ZINNOXID

ZINKOXID

CHROMOXID

KREIDE

ANTIMONOXID

TITANOXID

NICKELOXID

EISENOXID GELB

ZIRKONSILIKAT

KUPFEROXID

TAPETENKLEISTER

MANGANOXID

EISENOXID ROT

Über diese Basisliste hinaus können Sie Ihr Sortiment mit den folgenden Produkten erweitern (ebenfalls nach Häufigkeit der Verwendung geordnet):

KALIUMDICHROMAT

VANADIUMOXID

PUISAYE-OCKER

MAGNESIUMKARBONAT

EISENOXID SCHWARZ

ALUMINIUMOXID

CERIUMOXID

BLEIFRITTE

EISENCHROMAT

RUTIL

TONPULVER

ILMENIT

Die anderen von mir verwendeten und nicht in die Liste aufgenommenen Produkte tauchen in weniger als zehn von mehr als fünfhundert Rezepten auf.
Wo der Handel zwei Produkte anbietet, bevorzuge ich immer das Oxid gegenüber dem Karbonat eines Metalls. Die Karbonate, mit denen ich experimentiert habe, vermischen sich noch schlechter mit Wasser als die Oxide und ergeben körnige Resultate.

EINTEILUNG NACH FARBEN

Um Ihnen das Verfeinern Ihrer Auswahl zu erleichtern oder Ihnen bei Ihren Experimenten eine Orientierung zu bieten, folgt hier eine Liste von Oxiden, geordnet nach den damit erzielbaren Farben. Es versteht sich von selbst, dass dieses Inventar nicht vollständig sein kann. Wenn man nämlich weiß, dass ich nicht alle vorstellbaren Kombinationen getestet habe, ist es möglich und sogar wünschenswert, dass eine noch nicht dagewesene Mischung die eine oder andere dieser Kategorien vervollständigt. Sie sollten noch wissen, dass Sie in dem folgenden Kapitel über die Oxidverbindungen eine Vielzahl von Erläuterungen finden, die Ihnen Orientierung bieten.

- **Braunrot:** gelbes, rotes und schwarzes Eisenoxid, Vanadiumoxid, Zinnoxid, Puisaye-Ocker, Zirkonsilikat.
- **Rosa:** Chromoxid, Zinnoxid, Eisenoxid gelb, Puisaye-Ocker, Zirkonsilikat, Kaliumdichromat, Kreide.
- **Orange, sandfarben:** gelbes und rotes Eisenoxid, Titanoxid, Chromoxid, Zinnoxid, Zinkoxid, Antimonoxid, Magnesiumkarbonat, Ilmenit, Rutil.
- **Gelb:** Titanoxid, Eisenoxid gelb, Antimonoxid, Zinkoxid, Zinnoxid, Puisaye-Ocker, Zirkonsilikat.
- **Grün:** Chromoxid, Titanoxid, Nickeloxid, Kobaltoxid, Vanadiumoxid, Zinkoxid und Antimonoxid.
- **Blau:** Kobaltoxid.
- **Violett:** Eisenoxid schwarz und gelb, Chromoxid, Kobaltoxid, Manganoxid, Zinnoxid, Kaliumdichromat, Calciumkarbonat (Kreide) und Zirkonsilikat.

Wie schon im Vorwort erwähnt, ist die mit Oxidmischung erzielbare Farbpalette nicht die, die einem in der Malerei zur Verfügung steht. Wenn Sie Ihre Farbpalette erweitern möchten, können Sie Ihren Oxidtuscherezepten Farbpigmente hinzufügen.

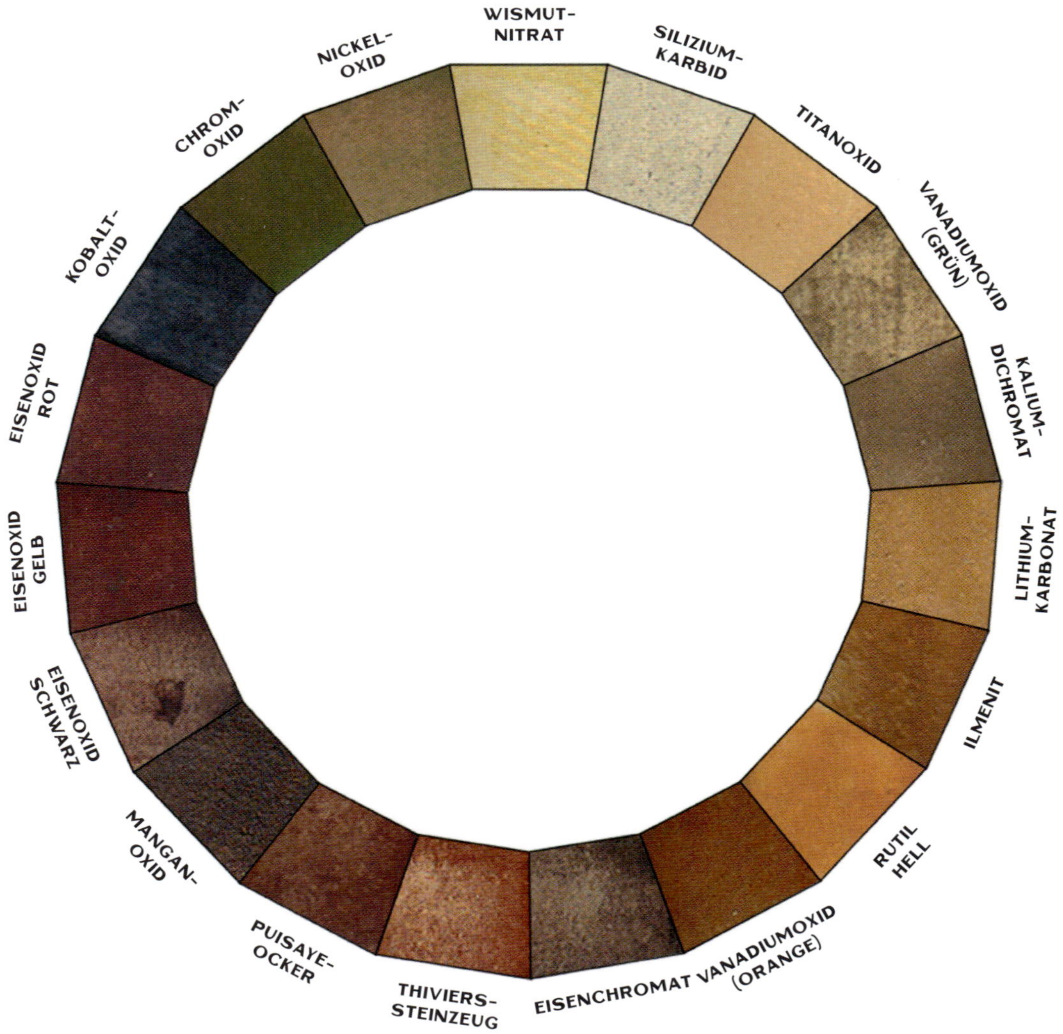

WISMUT-NITRAT
SILIZIUM-KARBID
TITANOXID
VANADIUMOXID (GRÜN)
KALIUM-DICHROMAT
LITHIUM-KARBONAT
ILMENIT
RUTIL HELL
VANADIUMOXID (ORANGE)
EISENCHROMAT
THIVIERS-STEINZEUG
PUISAYE-OCKER
MANGAN-OXID
EISENOXID SCHWARZ
EISENOXID GELB
EISENOXID ROT
KOBALT-OXID
CHROM-OXID
NICKEL-OXID

► Oben: die Farben der färbenden Oxidtuschen, angeordnet nach dem Farbenrad.

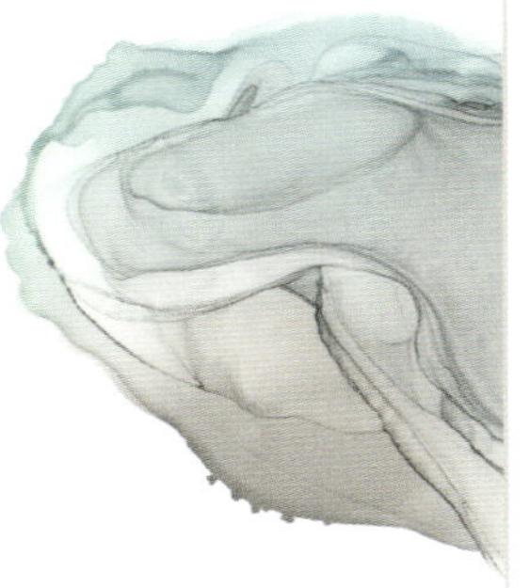

ANMERKUNG

Beachten Sie, dass auch die keramischen Pigmente, ähnlich wie die Oxide, in Form von Tuschen verwendbar sind, aber sie führen zu viel „flacheren" Resultaten. Sie sind mehr oder weniger durchscheinend, je nach Stärke der aufgetragenen Schicht, aber es gibt keine Farbtonvarianten wie bei den Oxiden. Sie benötigen den Zusatz von Fritte, um im Brand zu schmelzen.

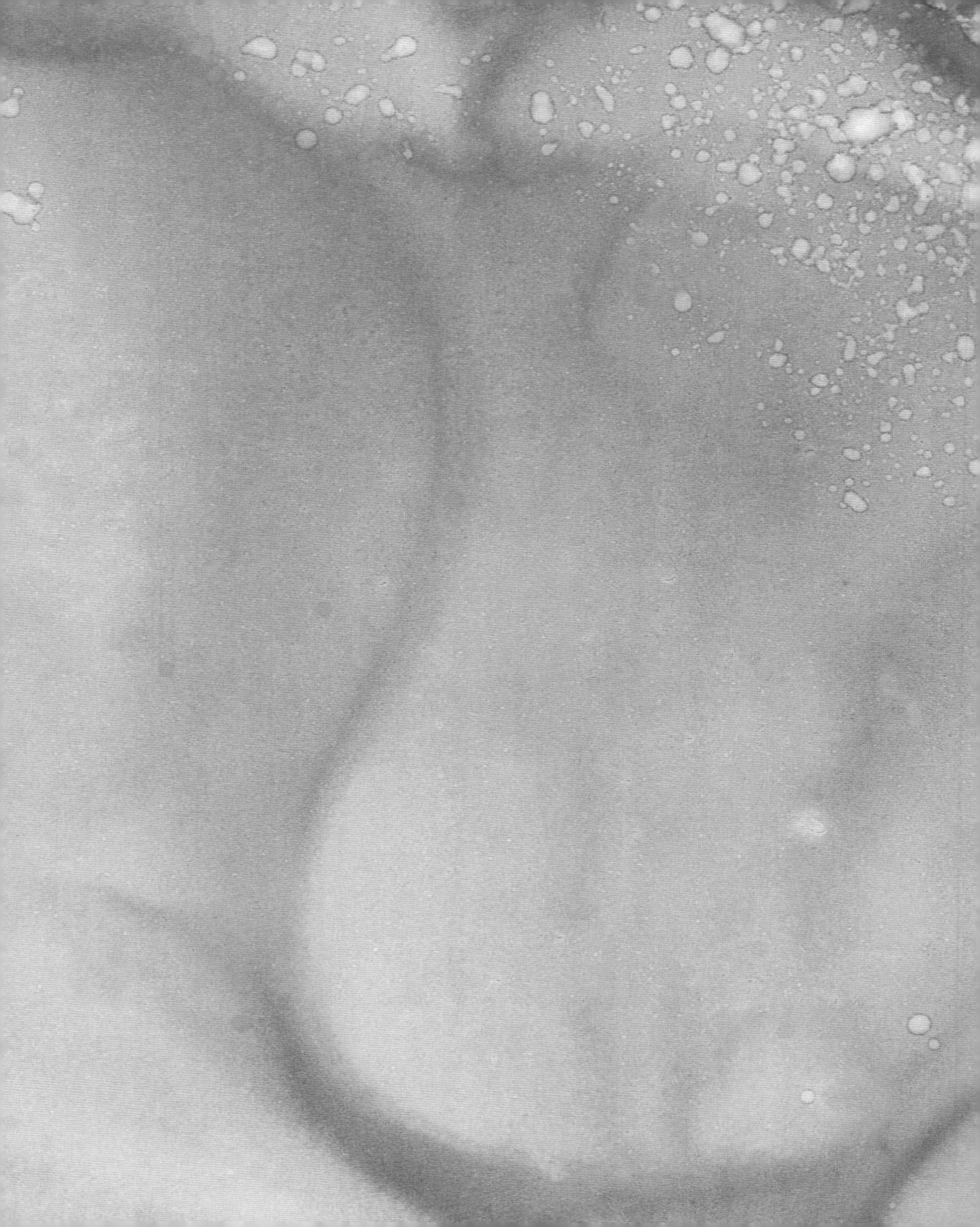

KAPITEL 5

DIE OXID-MISCHUNGEN

Ich habe nie den Versuch aufgegeben, die Regeln zu verstehen, die für Oxidverbindungen gelten. Auf den folgenden Seiten finden Sie, mehr anhand von Beispielen als anhand von Worten, die Tendenzen und die Ausnahmen, die ich im Verlauf meiner Recherchen ableiten konnte.

Im Rahmen dieser Präsentation in Form von Tabellen habe ich zwischen den Einteilungen nach Oxideinflüssen und den Zusammenfassungen nach Farben gewechselt, um möglichst verständlich zu sein. Außerdem habe ich, wo es möglich war, die Reihenfolge der Farboxide, wie ich sie bis dahin festgelegt hatte, geändert, um sie nach ihrer Zusammensetzung und folglich ihren Ähnlichkeiten im Verhalten anzuordnen. Aufgrund meiner Recherchemethode können in meinen Tabellen weiße Flecken auftauchen, denn ich habe nicht alle Mischungen getestet. Wie in der Einleitung erwähnt, habe ich nämlich nur dann eine Spur weiterverfolgt, wenn meine ersten Schritte vielversprechend waren.

Jedes Farboxid und jede Mischung wird von einer Probe repräsentiert, die aus dem oberen linken Bereich der Fliese stammt. Die Nummer jeder Mischung wird genannt, und es steht Ihnen frei, die ganze Fliese in dem Teil zu untersuchen, der den Rezepten gewidmet ist. Unter jeder Probe wird das Rezept aufgeführt, und für ein besseres Verständnis finden Sie alle nützlichen Erklärungen zu den Rezepten in dem Bereich „Die Rezepte verstehen“.

DIE OXIDVERBINDUNGEN: EISEN (1)

	EISEN GELB 4%	EISEN ROT 4%	EISEN SCHWARZ 3%
BASIS	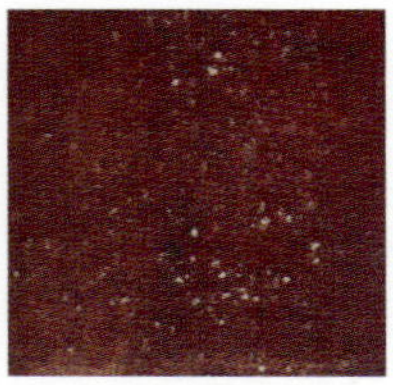	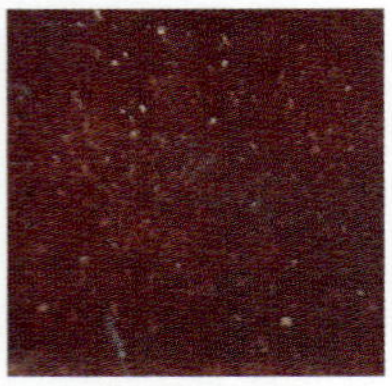	
ZINK	270 Fe g + 1,5 Zk	82 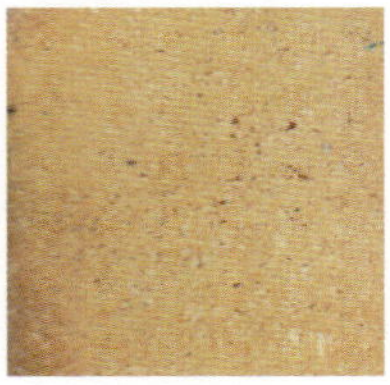 Fe r + 3 Zk	145 Fe s + 2 Zk
ANTIMON	271  Fe g + 1,5 Am	30 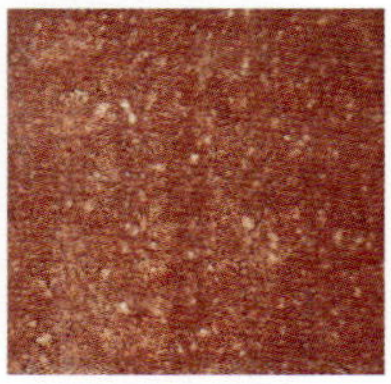 Fe g + Am	307 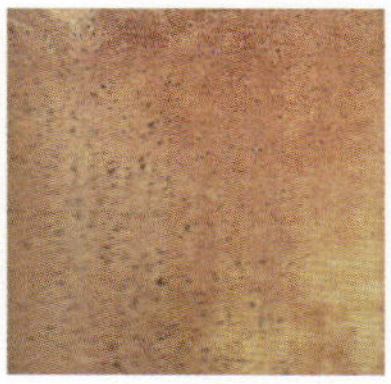 Fe s + 2 Am
ANTIMON + ZINK	99 Fe g + Am + Zk	306 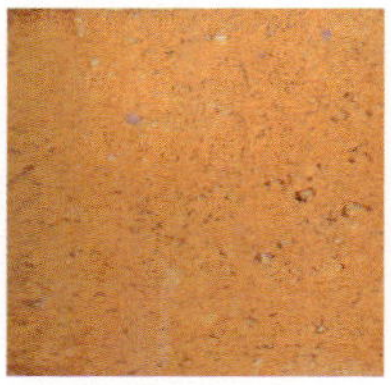 Fe r + Am + Zk	165  Fe s + Am + Zk
ZINN	122 Fe g + 2 Zn	309 Fe r + 2 Zn	
ZINN + ANTIMON	98 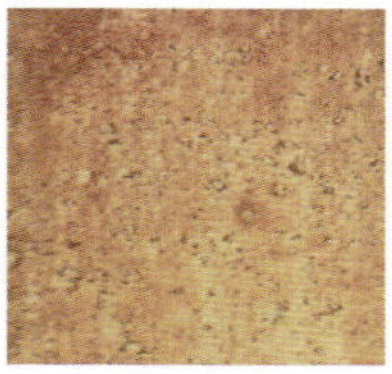 Fe g + Zn + Am		100 Fe s + Zn + Am

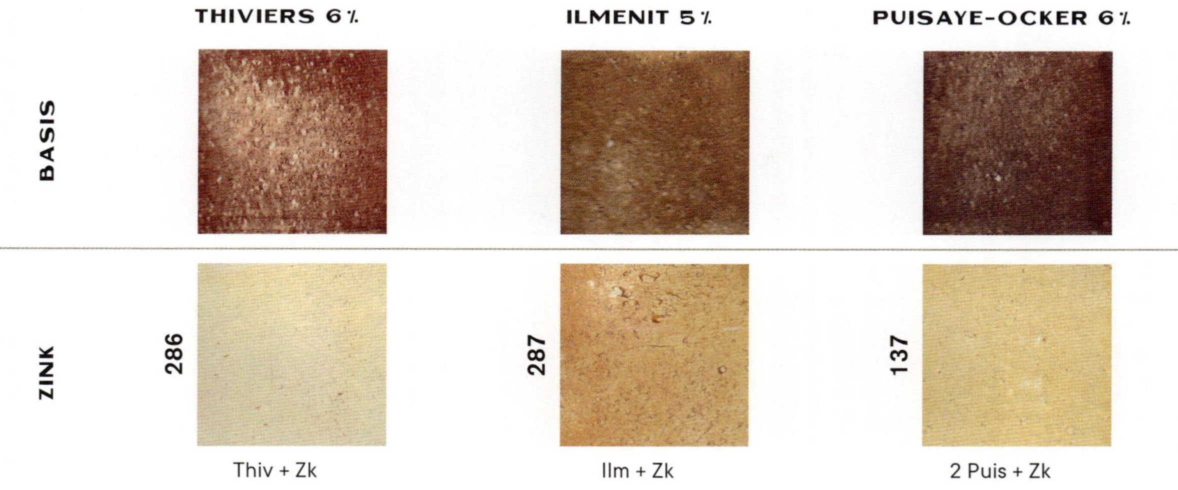
THIVIERS 6 %
ILMENIT 5 %
PUISAYE-OCKER 6 %
BASIS
ZINK
286
Thiv + Zk
287
Ilm + Zk
137
2 Puis + Zk

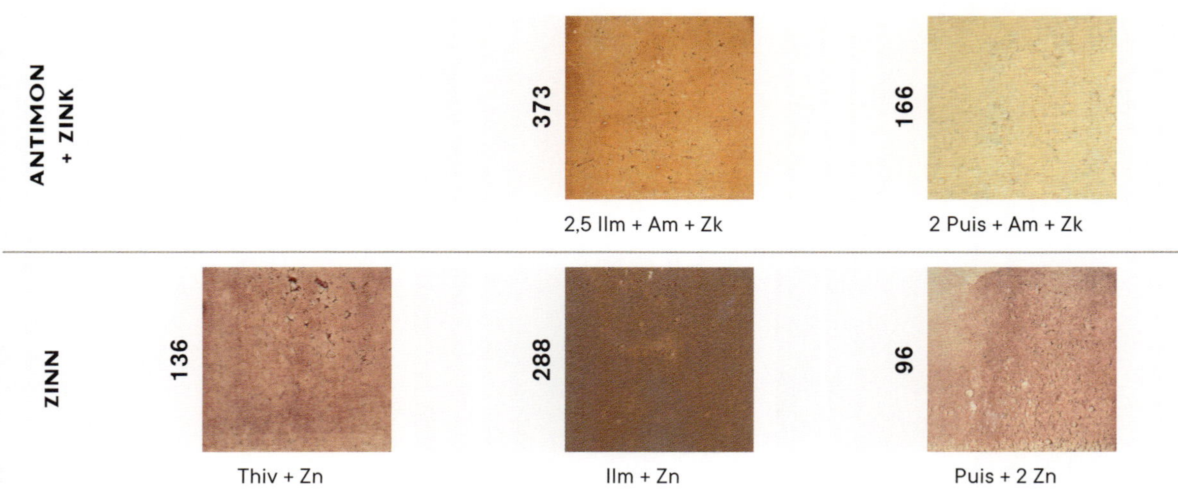
ANTIMON + ZINK
373
2,5 Ilm + Am + Zk
166
2 Puis + Am + Zk
ZINN
136
Thiv + Zn
288
Ilm + Zn
96
Puis + 2 Zn

DIE OXIDVERBINDUNGEN: EISEN (2)

	EISEN GELB 4 %	EISEN ROT 4 %	EISEN SCHWARZ 3 %
BASIS	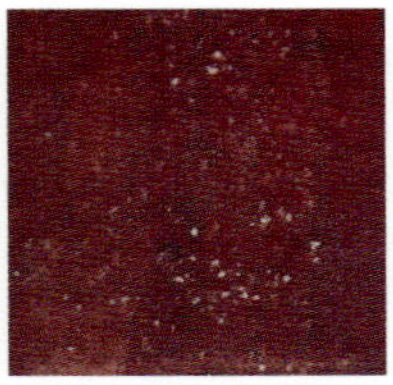		
ZINN + KREIDE	427 Fe g + 2 Zn + 8 % Kreide	425  0,5 Fe r + 2 Zn + 20 % Kreide	434 Fe s + 2 Zn + 8 % Kreide
ZIRKON-SILIKAT	162 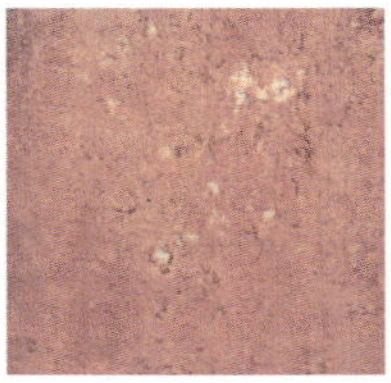 Fe g + 7 Zi Si	311 Fe r + 4 Zi Si	202 Fe s + 2 Zi Si
ZIRKONSILIKAT + ANDERE	476 Fe g + 2 Zi Si + 2 Zn + 8 % Kreide	333 Fe r + 3 Zi Si + 10 % P	310  Fe s + Zi Si + Am
KNOCHEN-ASCHE	276 Fe g + 10 % P	332 Fe r (% /2) + 15 % P	366 Fe s + Zi Si + 15 % P + 10 % Frit B-A
ANDERE	57 2 Fe g + Cr	4  Fe r + Chr	345 (Fe s + 0,2 Ko) (verdünnt 1,5 x)

	THIVIERS 6 %	ILMENIT 5 %	PUISAYE-OCKER 6 %
BASIS	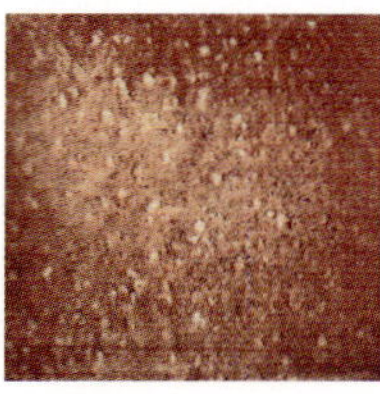	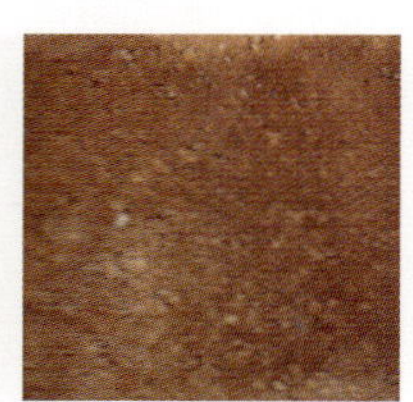	
ZINN + KREIDE	Bei der Verbindung Zinn/Kreide variiert der Farbton je nach Auftragsstärke.		
ZIRKON-SILIKAT			106 Puis + 3 Zi Si
ANDERE	In Verbindung mit anderen Farboxiden ergeben die Eisenoxide Brauntöne.	376  Ilm + Ni	104  0,5 Puis + Cr

DIE OXIDVERBINDUNGEN: KOBALT (1)

KOBALT 2 %

BASIS			
KOBALT BELEBEN	88 Ko + 3 Zk	193 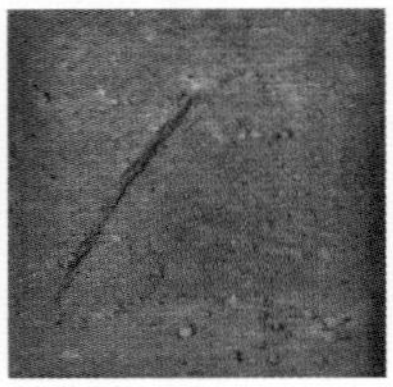 Ko + 3 Al	220 Ko + Zk + Al
ZINK + ANDERE	160 Ko + 3 Zk + Puis	234 Ko + 2 Zk + 3 Thiv	182 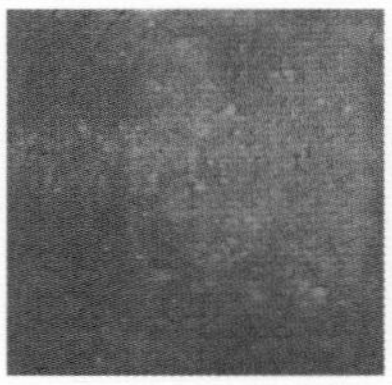 Ko + 2 Zk + 2 Am
KOBALT AUFHELLEN	17 Ko + Zi Si	123 Ko + 3 Zn	302 Ko + Mg + 0,3 % Kleister
MAGNESIUM, CHROM,…	195 Ko + Mg + Zn	303 0,25 Ko + 0,5 Mg + Zn + 0,3 % Kleister	223 0,5 Ko + 0,5 Cr + 2 Mg
ZINN/KREIDE, CHROM,…	436 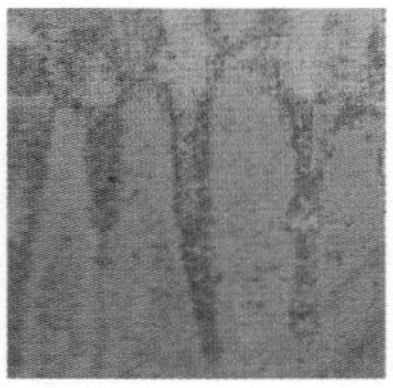 0,5 Ko + 2 Zn + 8 % Kreide	465 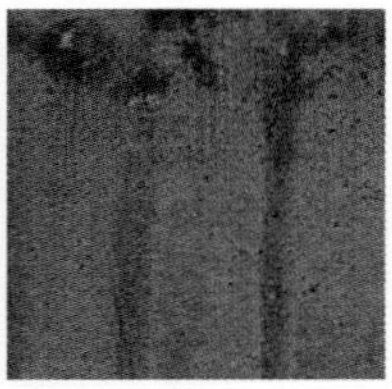 Ko + Zn + Mg + 8 % Kreide	460 0,5 Ko + Cr + 2 Zn + 8 % Kreide

KOBALT 2%

BASIS

KOBALT BELEBEN

446

Ko + 10 % Ka

ZINK + ANDERE

231

Ko + Cr + 1,5 Zk + 1,5 Al

483

Ko + Cr + 1,5 Zk + 1,5 Al + 10 % Ton

KOBALT AUFHELLEN

146

Ko + 1,5 Mg

45

Ko + 3 Mg

54

Ko + 2 Ce

MAGNESIUM, CHROM,...

368

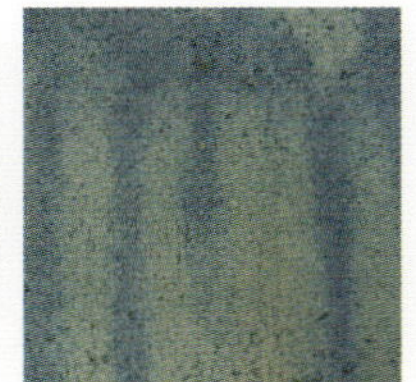

Ko + Cr + 2 Mg

Überraschenderweise schlägt Kobalt in schmutziges Altrosa-Violett um (siehe unten 497).

ZINN/KREIDE, CHROM, ...

461

0,5 Ko + Cr + 2 Zn + 8 % Kreide + 5 % Ka

In den Rezepten 460 und 461 ist Kobalt nicht das dominante Färbemittel, dennoch geht es nicht ohne.

497

Ko + Cu + 2 Zn + 0,5 Ni

DIE OXIDVERBINDUNGEN: KOBALT (2)

Kategorie	Nr.	Zusammensetzung
BASIS		KOBALT 2%
BLAUVARIANTEN MIT ANDEREN FARBOXIDEN	235	Ko + 3 Thiv + 2 Zn
	47	Ko + Ru (verdünnt)
	459	0,3 Ko + Nv V (% x 2) + 2 Pa
	22	(Ko + Ni) (verdünnt 0,5 x)
	335	Ko + 0,5 Mn + 2 Mg + 2 Am
	184	Ko + 2 Ka di
GRAU	128	0,5 Ko + 2 Chr + 2 Zn
	141	Ko + 0,5 Fe g + 4 Zn
	142	0,25 Ko + Puis + 3 Zi Si
SCHWARZ	21	Ko + Fe r
	102	1,5 Ko + 1,5 Fe r + Mn + Cu + 10 Zi Si
	453	3,5 Ko + 2 Mn
	23	Ko + 1,5 Fe r + Mn + Cu
	49	3 Ko + 1,66 Fe s + Mn + 0,75 Cu + 8 % Frit Pb
	420	0,75 Ko + 5,5 Cr + 1,8 Fe r + 0,85 Mn

KOBALT 2 %

BASIS

BLAUVARIANTEN MIT ANDEREN FARBOXIDEN

Siehe auch die Tabellen „Chrom“ für andere Verbindungen mit Kobalt.

120

Ko + Ti

Für andere Proben Kobalt/Titan (siehe unten) siehe Tabelle „Titan“.

GRAU

463

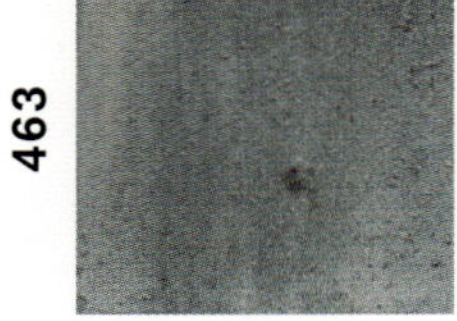

Ko + 2 Ni + 4 Zn

472

0,2 Ko + Fe s (verdünnt 2 x) + 6 Zn + 3 % Ton

358

0,3 Ko + 0,5 Puis + Ka di + 2 Zn + 0,3 % Kleister

SCHWARZ

452

0,2 Ko + Fe s (verdünnt 2 x) + 3 % Ton

Außer in Rezept 454, das eine Ausnahme bildet, kommt Kobalt in allen Schwarztönen vor.

Wenn man ein trübes Schwarz sucht, ergibt ein Verdoppeln der Oxidsaftkonzentration die besten Resultate.

454

2 Fe r + 2 Cu + 1,1 Mn

DIE OXIDVERBINDUNGEN: CHROM (1)

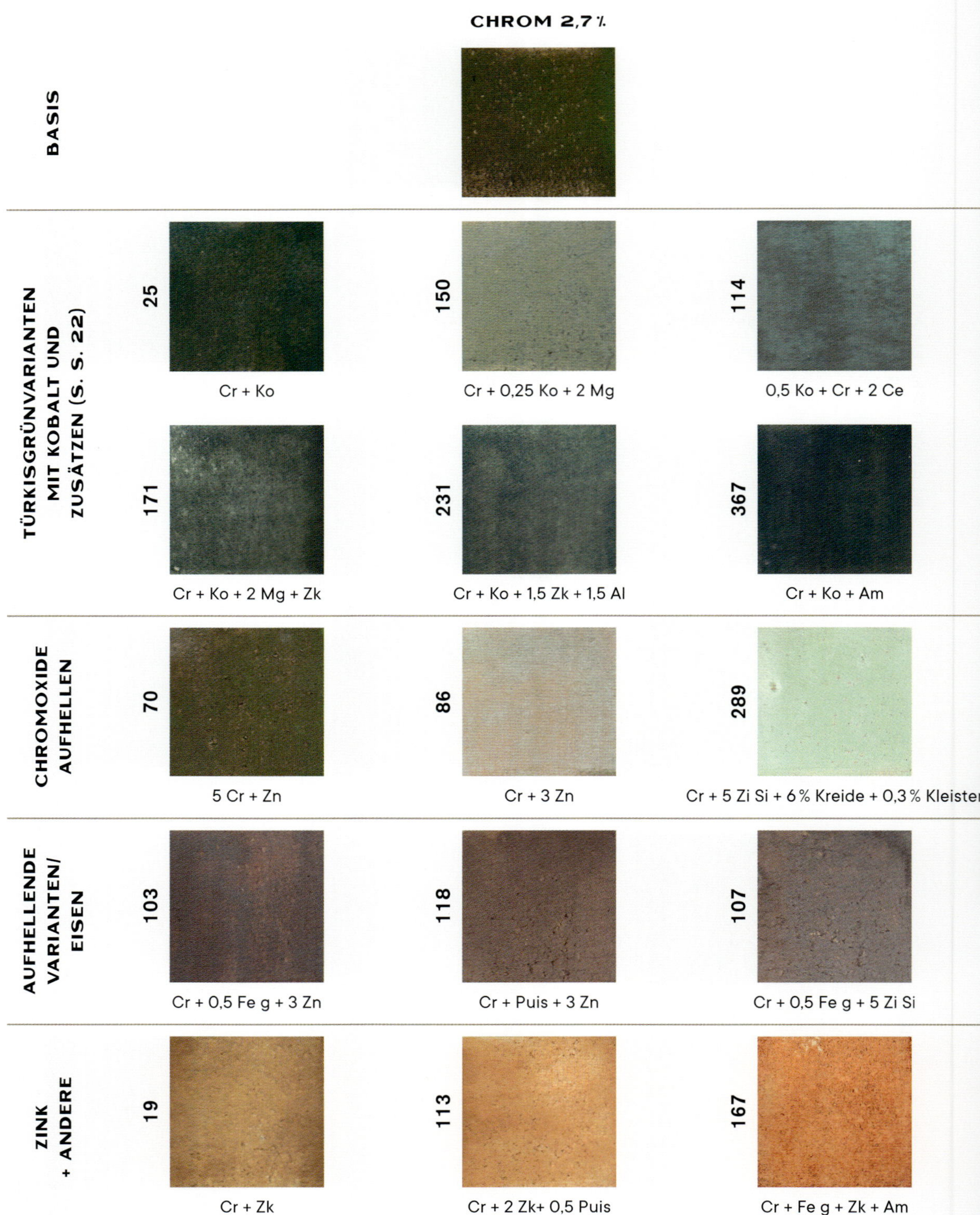

		KALIUMDICHROMAT 5 %	EISENCHROMAT 5 %
BASIS			
TÜRKISGRÜNVARIANTEN MIT KOBALT UND ZUSÄTZEN (S. S. 22)	431 Ko + Cr + 2 Mg + 5 % Terre	10  Ko (verdünnt) + Ka di (% x 2)	15 Chr + Ko
	178 1,5 Cr + Ko + 4 Zk		
CHROMOXIDE AUFHELLEN		294 Ka di + 2,5 Zn + 0,3 % Kleister	
AUFHELLENDE VARIANTEN/ EISEN	127 Cr + Ka di + 0,5 Puis + Am + 3 Zn	293 Ka di + 0,5 Puis + 2 Zn + 0,3 % Kleister	119 Chr + Ti
ZINK + ANDERE	230  Cr + 0,5 Fe g + Zk + Al	295 Ka di + Zk	

DIE OXIDVERBINDUNGEN: CHROM (2)

BASIS

CHROME 2,7 %

VERBINDUNGEN ZINN/KREIDE

227
Cr + 2 Zn + 3 % Kreide

211
Cr + 2 Zn + 5 % Kreide

254
Cr + 2 Zn + 8 % Kreide

439 
Cr + 2 Zn + 16 % Kreide

290
Cr + 2 Zn + 8 % Kreide + 0,3 % Kleister

428
Cr + 2 Zn + 8 % Kreide + 5 % Ton

ZINN/KREIDE + ANDERE

(MIT CHROM, SIEHE AUCH DIE FLIESEN 253, 451, 471 473, 488 UND 494)

327 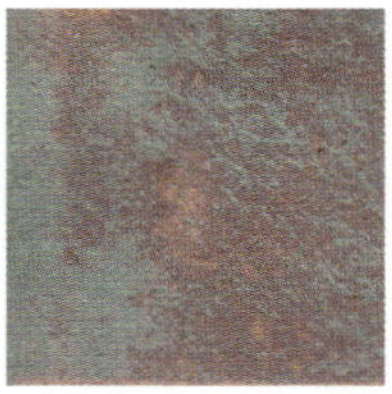
Cr + 2 Zn + 0,5 Cu + 8 % Kreide

475 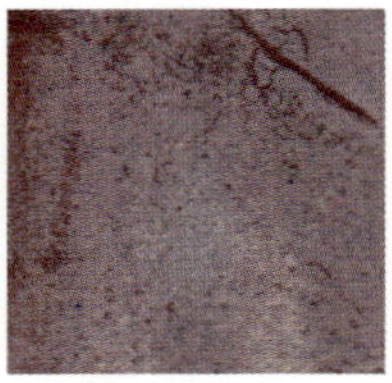
(Cr + 0,5 Ko) (verdünnt 2 x)
+ 2 Zn + 8 % Kreide

291 (siehe unten):
gleiche Proportionen
wie 211, aber der Flussspat
ersetzt die Kreide.

499 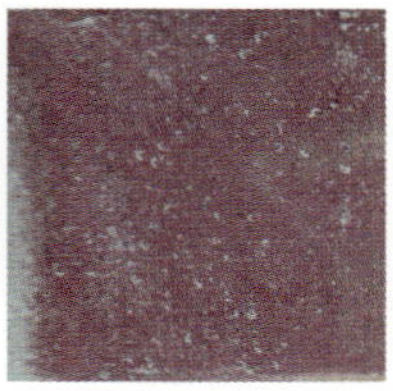
Cr + 0,5 Ko + 3 Zi Si + 2 Zn
+ 8 % Kreide

291 
Cr + 2 Zn + 5 % Fsp

ANDERE

39
Cr + Mg

180
Cr + 2 Ce (% x 2)

	KALIUMDICHROMAT 5 %		EISENCHROMAT 5 %
BASIS			
VERBINDUNGEN ZINN/KREIDE	238 Ka di + 2 Zn + 3 % Kreide	450 Ka di + 2 Zn + 10 % Kreide	313 Chr + Zn + 5 % Kreide + 0,3 % Kleister
	248 Ka di + 2 Zn + 3 % Kreide + 0,3 % Kleister	437 Ka di + 2 Zn + 3 % Kreide + 5 % Ton	
ZINN/KREIDE + ANDERE (MIT KALIUMDICHROMAT, SIEHE AUCH DIE FLIESEN 269, 301, 319, 322, 328, 377, 378, 379 UND 449)	267 Ka di + 0,25 Ko + 3 % Kreide + 0,3 % Kleister	268 Ka di + 0,75 Puis + 3 % Kreide + 0,3 % Kleister	
	325 Ka di + Chr + 2 Zn + 8 % Kreide + 0,3 % Kleister	300 Ka di + 0,5 Ko + 0,5 Al + 0,5 Zk + 2 Zn + 8 % Kreide + 0,3 % Kleister	
ANDERE	9 (Ka di + Am) (% x 2)	297 Ka di + 2 Ce + 0,3 % Kleister	121 (Chr + Ni) (verdünnt 0,5 x)

DIE OXIDVERBINDUNGEN: TITAN

BASIS

TITAN 8 %

VERBINDUNGEN MIT KOBALT

120 — Ti + Ko

55 — 3 Ti + Ko

81 — 5 Ti + Ko

157 — 5 Ti + Ko + 2 Zk

370 — 5 Ti + Ko + Ni

TITAN VERSTÄRKEN

24 — 2 Ti + Fe g

32 — Ti + Fe g + Am

BRAUN-VARIANTEN

56 — 3 Ti + Cr

117 — Ti + Cr + 3 Zn

224 — Ti + Cr + Am

RUTIL 16%

BASIS

TITAN/RUTIL

14

Ti + Ru (verdünnt)

VERBINDUNGEN MIT KOBALT

371

8 Ti + Ko

304

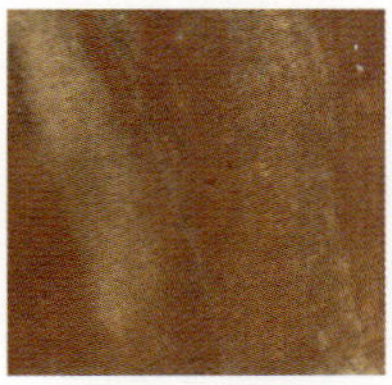

5 Ru + Ko

383

2 Ru + Ko + 1,5 Zn

BRAUN-VARIANTEN

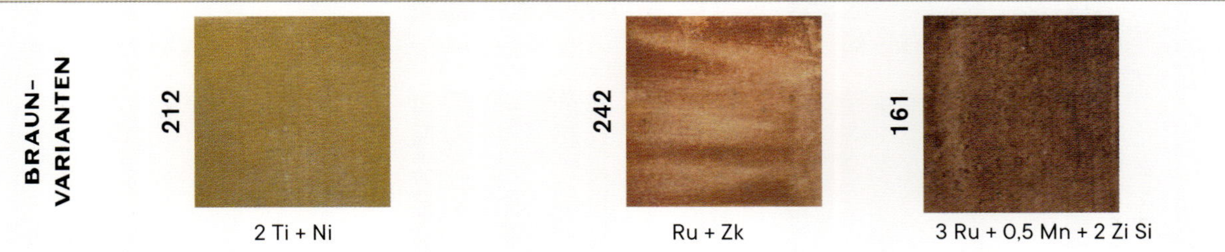

212

2 Ti + Ni

242

Ru + Zk

161

3 Ru + 0,5 Mn + 2 Zi Si

Siehe Tabelle „Nickel“ für andere Nickel/Titan-Rezepte.

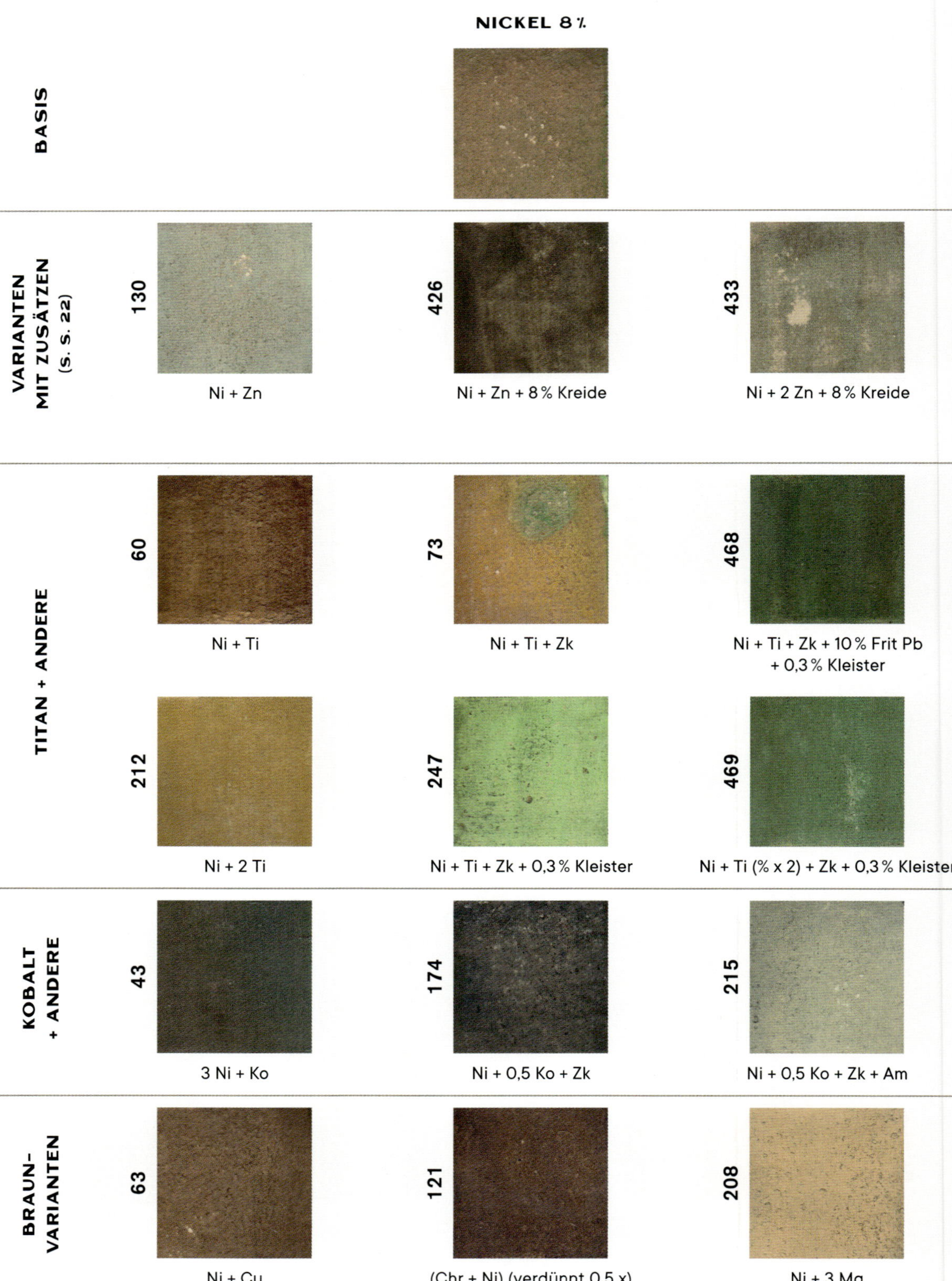
DIE OXIDVERBINDUNGEN: NICKEL
NICKEL 8 %
BASIS
VARIANTEN MIT ZUSÄTZEN (S. S. 22)
130
Ni + Zn
426
Ni + Zn + 8 % Kreide
433
Ni + 2 Zn + 8 % Kreide
TITAN + ANDERE
60
Ni + Ti
73
Ni + Ti + Zk
468
Ni + Ti + Zk + 10 % Frit Pb + 0,3 % Kleister
212
Ni + 2 Ti
247
Ni + Ti + Zk + 0,3 % Kleister
469
Ni + Ti (% x 2) + Zk + 0,3 % Kleister
KOBALT + ANDERE
43
3 Ni + Ko
174
Ni + 0,5 Ko + Zk
215
Ni + 0,5 Ko + Zk + Am
BRAUN-VARIANTEN
63
Ni + Cu
121
(Chr + Ni) (verdünnt 0,5 x)
208
Ni + 3 Mg

NICKEL 8 %

BASIS

VARIANTEN MIT ZUSÄTZEN (s. S. 22)

131

Ni + Zk

350
2 Ni + 5 Zk

169

Ni + Zk + Am

In Verbindung mit Nickel reagiert der Zink-Oxidsaft manchmal mit der Bildung von Flecken und kleinen Punkten.

TITAN + ANDERE

381

Ni + Ti + 0,25 Ko + Zk + 0,3 % Kleister

158
Ni + Ti + 0,5 Ko + Zk

78

Ni + Ti + Am

430

Ni + Ti + 0,5 Ko + Zk + 5 % Ton

396

Ni + Ti + 0,5 Ko + Zk + 0,3 % Kleister

315

Ni + Ti + Zk + Am

KOBALT + ANDERE

487

2 Ni + Ko + 2 Zk + 2 Al

463

2 Ni + Ko + 4 Zn

486

2 Ni + Ko + 4 Zi Si

BRAUN-VARIANTEN

441

Ni + 2 Pa

DIE OXIDVERBINDUNGEN: VANADIUM

			VANADIUM (ORANGE) 8 %
BASIS	Wie schon im Kapitel „Die Oxidtuschen" erklärt, habe ich Vanadiumoxid bei zwei verschiedenen Händlern gekauft. Eines hat die Form eines orangen Pulvers, das andere ist grün.		
VERSCHIEDENE KONZENTRATIONEN	Eine Verdoppelung der Vanadiumkonzentration ergibt oft die besseren Resultate.	348 Vo (verdünnt) oder Vo 4 %	337 Vo (% x 2) oder Vo 16 %
ZINN/KREIDE	340 Vo + Zn	353 Vo (% x 2) + Zn	423 Vo (% x 2) + Zn + 8 % Kreide
BLEIFRITTE	384 Vo (% x 2) + 15 % Frit Pb	405 Vo (% x 2) + 25 % Frit Pb + 0,3 % Kleister	415 Vo (% x 2) + Zn + 15 % Frit Pb
ANTIMON	338 Vo + Am	354 Vo (% x 2 + Am	Reagiert mit Antimonoxid merkwürdigerweise in Form von Flecken.
ANDERE	444 Vo (% x 2) + 10 % Ka	443 Vo (% x 2) + 2 Pa	341 Vo + 2 Mg

VANADIUM (GRÜN) 8 %

BASIS

VERSCHIEDENE KONZENTRATIONEN

385
Vo (% x 2) + 0,3 % Kleister
oder Vo 16 % + Kleister

Das grüne Vanadium hinterlässt Spuren und führt zu einer körnigen Optik. Diesen Charakter verleiht es allen Mischungen.

ZINN/KREIDE

386
Vo (% x 2) + 8 % Kreide

406
Vo (% x 2) + 12 % Kreide + 0,3 % Kleister

BLEIFRITTE

429
Vo (% x 2) + Zn + 15 % Frit Pb + 5 % Ton

ANTIMON

92
Vg + Am

ANDERE

388
Vo (% x 2) + 0,5 Fe g

355
Vo (% x 2) + Ti

71
Vg + Ti

DIE OXIDVERBINDUNGEN: MANGAN UND KUPFER

MANGAN 7 %

BASIS	Wie Kobalt ist auch Mangan in den meisten Schwarztönen enthalten.		
SEHR SCHWER BEEINFLUSSBAR	**77** Mn + 2 Zk	**170** Mn + 3 Am	**448** Mn + Zn + 10 % Ka
ZINN/KREIDE	**314** Mn + 3 Zn + 5 % Kreide	**395** Mn + 3,5 Zn + 10 % Kreide	**403** Mn + 2 Zn + 20 % Kreide

KUPFER 4 %

BASIS	Obwohl ich Kupfer nicht bei den färbenden Oxiden eingeordnet habe, kann es auf die Zusätze reagieren und Farben ergeben.		
BRAUN UND SCHWARZ	**250** Cu (% x 2) + 10 % Frit Pb + 0,3 % Kleister	**251** Cu (% x 2) + 10 % Frit B-A + 0,3 % Kleister	**277** (Cu + Ba) (% x 3) + 5 % Frit B-A + 0,3 % Kleister
GRÜN	**264** Cu + 15 % Kreide	**139** Cu + Zn	**280** Cu + Zn + 15 % Kreide

MANGAN 7 %

BASIS

SEHR SCHWER BEEINFLUSSBAR

76 – Mn + Al + 10 % P

94 – Mn + 3 Ru (verdünnt)

41 – Mn + Ni

ZINN/KREIDE/KOBALT

Rechts ist das Mangan sehr schwach dosiert, damit es nicht in Braun umschlägt.

470 – 0,3 Mn + 0,5 Ko + 2,5 Zn + 8 % Kreide

482 – 0,2 Mn + 0,3 Ko + 2,5 Zn + 8 % Kreide

KUPFER 4 %

BASIS

BRAUN UND SCHWARZ

362 – Cu + Li

Für Schwarz rate ich dringend von der Verwendung von Kupfer ab, denn es dringt in den Scherben ein und senkt den Schmelzpunkt des Tons auf gefährliche Weise ab.

GRÜN

324

Cu + Ba + 15 % Kreide

275

Cu + Ba (% x 8) + 6 % Quarz

KAPITEL 6

IN DER PRAXIS

Zum Anmischen einer Oxidtusche messen Sie eine Menge X Leitungswasser ab und gießen es in einen Behälter mit dicht schließendem Deckel. Wiegen Sie den in der rechten Spalte der Tabelle in der hinteren Umschlagklappe angegebenen Prozentsatz der Oxide ab und schütten Sie ihn ins Wasser. Den Deckel schließen und schütteln. Fertig!

Fast alle Oxidtuschen bereite ich im Voraus zu und hantiere danach nur noch mit Flüssigkeiten und den pulverförmigen Produkten. Diese Vorgehensweise birgt viele Vorteile in den Bereichen Gesundheit, „geistige Bequemlichkeit", Präzision und Zeitersparnis.

- **Gesundheit:** Der Umgang mit oftmals schädlichen Oxidpulvern – manche sind sogar tödlich, wenn man sie verschluckt – ist natürlich gefährlicher als die Arbeit mit Flüssigkeiten. Pulver sind volatil und können eher versehentlich eingeatmet werden. Natürlich arbeitet man bei der Herstellung einer Basistusche immer zuerst mit Pulvern, aber wenn man größere Mengen zubereitet, tut man dies seltener, als wenn man die Pulver jedesmal einsetzt, wenn man eine Mischung zusammenstellt. Es versteht sich von selbst, dass die Verwendung einer Schutzmaske gegen trockenen Staub und von Handschuhen dringend empfohlen wird.

- **„Geistige Bequemlichkeit":** Indem man die Proportionen für jedes der Oxide festlegt, grenzt man das Forschungsfeld etwas ein. Wenn man sich nämlich bei jedem Versuch fragen müsste, in welchem Prozentsatz jeder der Bestandteile zu dosieren ist, würde man verrückt. Zudem erleichtert das Festlegen der Dosierungen das Vergleichen der Resultate. Mit wachsender Erfahrung ist man schließlich mehr oder weniger in der Lage, einzuschätzen, welche Menge Tusche für das Erreichen des erhofften Resultats zu verwenden ist. Und wenn man beschließt, den Anteil eines Oxids in einem Rezept zu steigern oder zu verringern, kann man seiner Mischung immer noch etwas Pulver oder Wasser hinzufügen (siehe unten).

- **Präzision und Zeitersparnis:** Stellen Sie sich vor, Sie müssten für jede Probefliese jeden Bestandteil einzeln abwiegen. Am Beispiel meines Rezepts 367 (siehe Seite 99): Um 6 ml Oxidtusche (die Menge für ein Plättchen) zuzubereiten, muss ich 0,05 g Chromoxid, 0,04 g Kobaltoxid und 0,16 g Antimonoxid abwiegen und mit 6 ml Wasser mischen. Mit im Voraus zubereiteten Tuschen dagegen muss ich nur mit einer Spritze 2 ml Chromtusche, 2 ml Kobalttusche und 2 ml Antimontusche entnehmen. Dadurch kann ich nicht nur schneller, sondern auch präziser arbeiten, denn das Abwiegen von Hundertstel Gramm ist immer ungenau.

ÜBERSICHT ÜBER TRÄGERMATERIAL UND BRAND

- Cremefarbener Ton
- Scherbenstärke ± 7 mm
- Schrühbrand bei 950 °C
- Drei Schichten Oxidtusche mit dem Pinsel auf die Schrühware auftragen
- Oxidierender Brand bei 1180 °C
- Falls nötig, das nicht geschmolzene Oxidpulver abwischen

Für weitere Details siehe Kapitel „Protokoll", Seite 11.

ZUBEREITUNG DER OXIDTUSCHEN

Beginnen Sie konkret mit dem Öffnen der hinteren Umschlagklappe, um die Tabelle mit den Dosierungen der Oxidtuschen vor Augen zu haben. Wenn Sie das erste Oxid der Tabelle nehmen: das Aluminiumoxid, dann lesen Sie in der rechten Spalte, dass es mit 5 % dosiert ist. Da 1 ml Wasser der Masse von 1 g entspricht, ist die Rechnung, wenn Sie einen Viertelliter, also 250 ml bzw. 250 g, zubereiten wollen: 250 g x 5 % = 12,5 g Aluminiumoxid auf 250 ml Wasser.
Manche Keramiker sagen, dass Oxide einsumpfen müssen, damit sie zu Oxid-„Tuschen" werden, aber ich habe nie Unterschiede festgestellt zwischen einer gerade zubereiteten Tusche und einer anderen, die mehrere Monate gezogen hat (ausgenommen das Vanadiumoxid, das mit der Zeit dunkler und dicker wird).

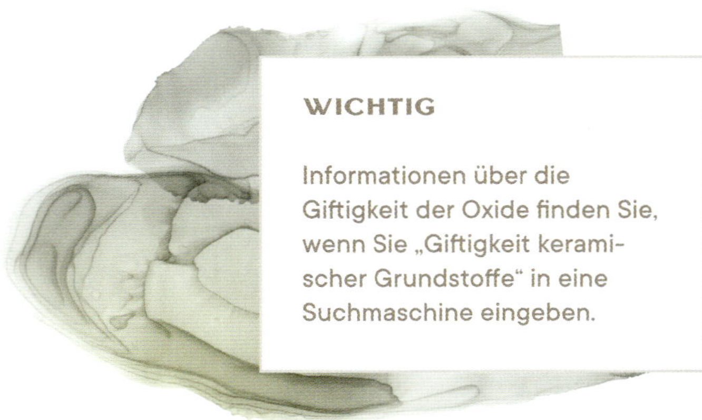

WICHTIG

Informationen über die Giftigkeit der Oxide finden Sie, wenn Sie „Giftigkeit keramischer Grundstoffe" in eine Suchmaschine eingeben.

DIE REZEPTE VERSTEHEN

Bevor Sie loslegen, erinnern Sie sich, dass wir gemäß der Methode, die ich vorstelle, unsere Oxide in Form von Tuschen eigentlich schon zubereitet haben (außer beim Vanadium, das man aus den genannten Gründen besser erst im letzten Moment zubereiten sollte). Wir sprechen also ab jetzt von der Flüssigkeitsmenge, ohne uns weiter um die Prozentsätze der darin enthaltenen Oxide zu kümmern. Die Tabellen dienen nur noch zum Übersetzen meiner Abkürzungen: eine für die Oxidtuschen und die andere für die Pulver.

Die Summanden, aus denen ein Rezept besteht, werden durch ein „+" getrennt. Sie bezeichnen entweder eine Oxidtusche oder ein Produkt in Pulverform:

- Der Summand für eine Oxidtusche enthält eine Anzahl von Dosen, gefolgt von der Abkürzung des Namens der Oxidtusche.
- Der Summand für ein pulverförmiges Produkt enthält einen Dosierungsprozentsatz, gefolgt von der Abkürzung des Produktnamens.

Die Summanden, aus denen sich das Rezept zusammensetzt, werden in dieser Reihenfolge genannt: erst der/die Oxidtusche/n, dann gegebenenfalls das/die Produkt/e in Pulverform.

Am Beispiel der Formel:

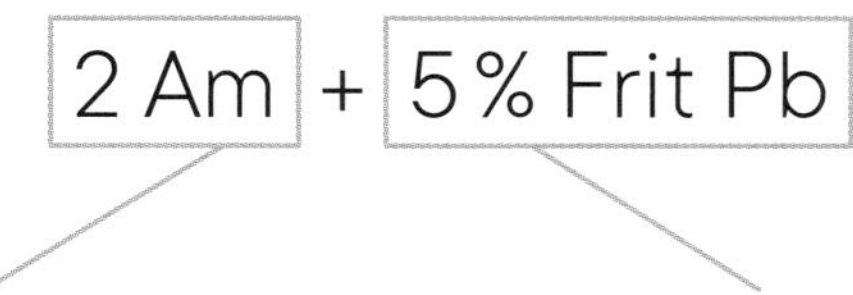

Erster Summand: **2 Am**

→ **2** bezeichnet die Anzahl der Dosen

→ **Am** bezeichnet die Antimon-Oxidtusche (siehe Tabelle der Oxidtuschen)

Zweiter Summand: **5 % Frit Pb**

→ **5 %** bezeichnet die Dosierung in Prozent

→ **Frit Pb** bezeichnet die Bleibisilikat-Fritte (siehe Tabelle der Pulverprodukte)

In dem häufig vorkommenden Fall, dass vor der Nennung der Oxidtusche kein Wert steht, entspricht dies einer Dosis. Also zum Beispiel: Ru = 1 Ru.

Nehmen wir als konkretes Beispiel das Rezept der Mischung 172:

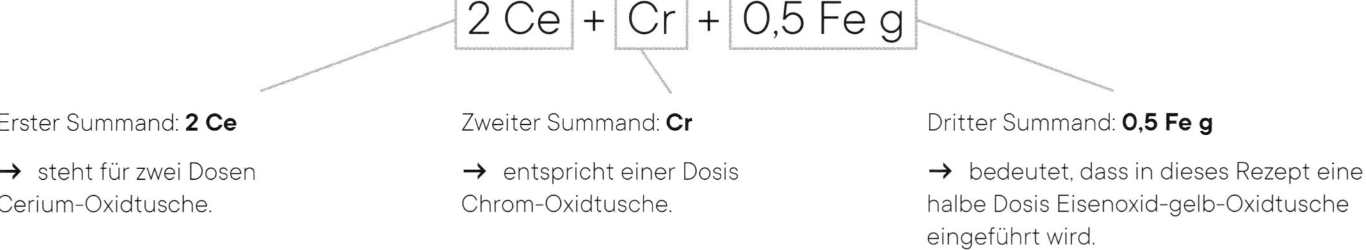

Erster Summand: **2 Ce**

→ steht für zwei Dosen Cerium-Oxidtusche.

Zweiter Summand: **Cr**

→ entspricht einer Dosis Chrom-Oxidtusche.

Dritter Summand: **0,5 Fe g**

→ bedeutet, dass in dieses Rezept eine halbe Dosis Eisenoxid-gelb-Oxidtusche eingeführt wird.

Das Rezept besteht nur aus Flüssigkeiten, weil es keine Prozentangabe gibt.

Der Wert einer Dosis entspricht natürlich der Gesamtmenge Oxidtusche, die Sie zubereiten müssen.

Bestimmung des Wertes einer Dosis

Stellen wir uns vor, Sie müssen 70 ml dieser Mischung 172 zubereiten. Der Gedankengang zum Berechnen des Wertes einer Dosis ist: Weil sich in diesem Rezept insgesamt 3,5 Dosen befinden (2 von Cerium + 1 von Chrom + 0,5 von Eisenoxid gelb) genügt es, die Gesamtmenge der gewünschten Mischung durch die Anzahl der Dosen zu teilen, aus denen sie besteht, um den Wert einer Dosis zu erhalten. Also 70 ml/3,5 Dosen = 20 ml.
Betrachten wir jetzt die Formel 172 mit dem festgestellten Dosenwert. Um auf 70 ml zu kommen, müssen 40 ml Cerium-Oxidtusche (2 Dosen à 20 ml), 20 ml Chrom-Oxidtusche (1 Dosis à 20 ml) und 10 ml Eisenoxid-gelb-Oxidtusche (½ Dosis von 20 ml) gemischt werden.

Betrachten wir jetzt die Formel von Rezept 211, die ein als Pulver eingeführtes Produkt enthält.

2 Zn + Cr + 5 % Kreide

Nehmen wir an, ich will davon 90 ml zubereiten. Beginnen wir mit der Bestimmung des Wertes einer Dosis für diese Formel. Wir haben insgesamt 3 Dosen: Zn (2 Dosen Zinn-Oxidtusche) + Cr (1 Dosis Chrom-Oxidtusche). Vor der Kreide, dem dritten Summand des Rezepts, steht ein Prozentsatz. Sie wird also als Puder eingeführt und geht nicht in die Berechnung des Wertes einer Dosis mit ein.
Die Rechnung ist also: 90 ml/3 Dosen = 30 ml. Um 90 ml von Rezept 211 zu erhalten, gießen Sie also 60 ml Zinn-Oxidtusche (2 Zn) und 30 ml Chrom-Oxidtusche (Cr) in Ihren Behälter. Jetzt muss nur noch die Menge Kreide für die festgelegte Gesamtmenge (90 ml) berechnet werden. Wir erinnern uns: 1 ml = 1 g. Also bedeutet „5 % Kreide" 90 g x 5 % = 4,5 g Kreide. Sie müssen nur noch 4,5 g Kreide in Ihre Mischung geben und diese schütteln.

Sie haben vielleicht bemerkt, dass wie durch einen Zufall die in den oben angeführten Beispielen festgelegten Mengen oft ganze Zahlen ohne Kommastelle als Resultat ergeben. Das ist natürlich Absicht. Wenn Sie zum Beispiel 100 ml Tusche eines Rezeptes benötigen und Ihre Berechnungen Resultate mit endlosen Kommastellen ergeben, ist es viel einfacher, die zuzubereitende Menge auf 96 oder 108 ml anzupassen, wenn diese Zahlen sich für Ihre Divisionen besser eignen.

► *Bläser.* Die meisten Oxidtuschen ermöglichen die Betonung der Reliefs, indem man sie gleich nach dem Auftrag von den erhabenen Bereichen abwischt.

ERSTES REZEPT SCHRITT FÜR SCHRITT

Rüsten Sie sich für die ersten Rezepte, die Sie in Angriff nehmen, mit Stift und Papier und eventuell einem Taschenrechner aus und sehen Sie in der hinteren Umschlagklappe nach, um die Abkürzungen zu verstehen. Dieser vorbereitende Arbeitsschritt besteht darin, alle Dosen von Oxidtuschen in Milliliter und die Prozentsätze der Pulverprodukte umzurechnen, **bevor** man mit der praktischen Handhabung beginnt.

1. Bestimmen Sie die Menge der Mischung, die Sie benötigen (siehe „Welche Menge zubereiten?“, S. 72) Sagen wir 70 ml für unser Beispiel.

2. Übertragen Sie das Rezept so, wie es ist, auf Ihr Papier. Nehmen wir ein Rezept, das zunächst kompliziert wirken mag, die Nummer 461: **2 Zn + 0,5 Ko + Cr + 8 % Kreide + 5 % Ka.**

3. Berechnen Sie den Wert einer Dosis. Hierbei interessieren uns nur die Flüssigkeiten (Oxidtuschen). Die Produkte mit einem Prozentsatz davor werden als Puder zugegeben, um die kümmern Sie sich später.

Insgesamt haben wir in dem Rezept: 2 + 0,5 + 1 = 3,5 Dosen (2 Zn + 0,5 Ko + [1] Cr). Teilen Sie die 70 ml durch 3,5 Dosen, um den Wert einer Dosis zu erhalten, also 20 ml.

4. Notieren Sie unter der Formel die in ml umgerechneten Werte der Dosen und die Namen der den Abkürzungen entsprechenden Oxide.

2 Zn + 0,5 Ko + Cr + 8 % Kreide + 5 % Ka

2 Zn	0,5 Ko	Cr
↓	↓	↓
40 ml Zinn	10 ml Kobalt	20 ml Chrom

5. Kümmern Sie sich anschließend um die Pulver. 8 % Kreide ergeben: 70 ml (oder g) x 8 % = 5,6 g Kreide. Und 5 % Ka: 70 ml (oder g) x 5 % = 3,5 g Kaolin.

6. Vervollständigen Sie Ihre Umschrift des Rezepts mit den beiden letzten Werten.

2 Zn + 0,5 Ko + Cr + 8 % Kreide + 5 % Ka

2 Zn	0,5 Ko	Cr	8 % Kreide	5 % Ka
↓	↓	↓	↓	↓
40 ml Zinn	10 ml Kobalt	20 ml Chrom	5,6 g Kreide	3,5 g Kaolin

Bevor Sie die flüssigen Bestandteile verwenden, stellen Sie sicher, dass der Oxidtuschebehälter gut verschlossen ist. Schütteln Sie ihn, bis alles abgesunkene Pulver in Schwebe ist (kratzen Sie notfalls mit einem Löffel über den Boden). Entnehmen Sie die festgelegte Dosis mit einer Spritze und geben Sie sie in das für die Mischung vorgesehene Gefäß.
Wiederholen Sie den Vorgang mit jedem flüssigen Bestandteil und vergessen Sie nicht, Ihre Spritze nach jeder Entnahme entsprechend zu spülen (oder verwenden Sie für jede Oxidtusche eine eigene Spritze).
Wiegen Sie die Pulverbestandteile ab und fügen Sie sie hinzu. Mischen Sie das Ganze.

SONDERFÄLLE

Um eine Farbe zu verstärken oder abzuschwächen, kann man die Konzentration der an einem Rezept beteiligten Oxidtuschen steigern oder absenken. In diesem Fall steht sie in der Formel nach dem Begriff, der eine Oxidtusche bezeichnet: „(% x 2), (% x 3), ...“ oder „(verdünnt), (verdünnt 2 x), ...“ Wenn die Konzentration mehrerer Summanden des Rezepts in denselben Proportionen geändert wird, dann stehen sie in Klammern.
Der Algorithmus „% x 2“ bedeutet, dass der in der Tabelle genannte Prozentsatz Oxid bei einer Oxidtusche mit 2 multipliziert wird und er bezieht sich nur auf den Summanden – oder auf die Summanden, falls sie in Klammern stehen – auf den er folgt. Also wird nicht bei allen in der Formel enthaltenen Oxidtuschen die Konzentration gesteigert.
Anders als bei den Rezepten, die ich bis jetzt als Beispiele angeführt habe, geht es nicht mehr darum, die Menge eines Oxids zu ändern, indem man die Tuschedosis ändert, sondern um die Veränderung einer Konzentration bzw. Verdünnung in derselben Dosis.

Beispiel für Konzentrationen

Nehmen wir die Formel 164 , die sich wie folgt liest:

Puis + Zn (% x 2)

Sagen wir, Sie bereiten 20 ml dieser Mischung zu. Sie geben 10 ml Tusche aus Puisaye-Ocker + 10 ml Tusche von Zinnoxid + 0,8 g Zinnoxid in Ihren Behälter, um die Konzentration zu verdoppeln. Die 0,8 g Zinnoxid werden auf Basis des in der Tabelle der Oxidtuschen genannten Prozentsatzes berechnet, entsprechend der Menge Zinnoxidtusche, die die Mischung enthält. Hier sind das für die anfänglichen 10 ml (oder 10 g) Oxidtusche 10 g x 8 % = 0,8 g Zinnoxid, die der Mischung hinzugefügt werden, um die Konzentration dieses Bestandteils zu verdoppeln.
Beachten Sie, dass die Anzahl der Dosen des Rezepts nicht verändert wurde, nur der Zinnanteil ist erhöht worden.
Mit „% x 3“ wird die Konzentration verdreifacht, man fügt also der Oxidtusche den doppelten Prozentsatz aus der Tabelle in Form von Pulver hinzu. Im Fall des obigen Beispiels: Wenn wir „Zn (% x 3)“gehabt hätten, wären der Mischung 16 % Zinnoxid beigemischt worden.

Beispiel für Verdünnung

Andersherum lesen Sie „(verdünnt)“ rechts von dieser Tusche, wenn die Konzentration eines der in dem Rezept enthaltenen Oxide verringert wurde.

Nehmen wir beispielsweise das Rezept 332:

Fe r (verdünnt) + 15 % P

Wenn Sie 40 ml der Mischung zubereiten, geben Sie eine halbe Dosis der Oxidtusche von Eisenoxid rot (FE r) und eine halbe Dosis Leitungswasser dazu (verdünnt). Damit sind Sie bei 20 ml Oxidtusche von Eisen rot + 20 ml Wasser, also 40 ml insgesamt. „Verdünnt“ bedeutet also, dass die Dosis durch die gleiche Menge Wasser verringert wurde.
Für den zweiten Summand „15 % P“ gehen Sie wie schon erklärt vor: 40 g x 15 % = 6 g Knochenasche (siehe Tabelle „Pulver“ in der hinteren Umschlagklappe), die Sie in Pulverform hinzufügen. Wenn angegeben ist „verdünnt 1,5 x“, bedeutet dies, das Sie anderthalb Dosen Wasser auf eine Dosis Oxidtusche nehmen; für „verdünnt 2 x“ zwei Dosen Wasser auf eine Dosis Tusche, usw.

Letztes Beispiel mit dem Rezept 452, das eine verdünnte Tusche, eine unveränderte Tusche und einen Bestandteil in Pulverform enthält:

Fe s (verdünnt 2 x) + 0,2 Ko + 3 % Ton

Um 54 ml der Mischung zuzubereiten, beginnen Sie wie immer mit der Bestimmung des Wertes einer Dosis. Davon gibt es insgesamt 1,2 (1 Dosis Eisen schwarz [verdünnt 2 x] und 0,2 Dosen Kobalt). Also teilen Sie die Gesamtmenge der Mischung durch diese Nummer an Dosen, also 54 ml/1,2 Dosen = 45 ml.
Sie brauchen also eine Dosis von 45 ml doppelt verdünntem Eisen schwarz. Weil Sie wissen, dass Sie der Oxidtusche aus Eisen schwarz 2 mal dieselbe Menge Wasser hinzufügen, teilen Sie den Wert einer Dosis durch 3, um die Menge Oxidtusche und Wasser zu bestimmen, die Sie verwenden werden, also 45 ml/3 = 15 ml. Sie schütten also 15 ml Oxidtusche Eisen schwarz in Ihren Behälter und fügen 30 ml Wasser hinzu. So erhalten Sie 45 ml (1 Dosis) doppelt verdünntes Eisenoxid. Ich betone, dass weder die Menge (1 Fe s) noch der Wert der Dosis (45 ml) geändert worden sind. Dieser Bestandteil ist einfach verdünnt worden.
Weil der Wert einer Dosis 45 ml beträgt, berechnet man für „0,2 Ko“ als nächstes 45 ml x 0,2 Dosen = 9 ml Kobalt-Oxidtusche, die Sie in die verdünnte Oxidtusche aus Eisen schwarz gießen. Schließlich wird für „3 % Ton“ die Gesamtmenge zubereiteter Flüssigkeit mit 3 % multipliziert, also 54 ml x 3 = 1,6 g Tonpulver, das Sie der Mischung hinzufügen.
Damit sind Sie ausgestattet, um alle Rezepte zu verstehen!

FÜNF REZEPTE ZUM ÜBEN

Verdecken Sie die Lösungen unter den Formeln und üben Sie das Umwandeln der Dosen und Prozentsätze in Milliliter und Gramm. Diese Rezepte sollen eine Mischung von 100 ml ergeben.

► **Rezept 163:**

1,5 Puis + 2 Zn + Zk

1,5 Puis	2 Zn	Zk
=	=	=
33,3 ml Puisaye-Ocker	**44,4 ml Zinn**	**22,2 ml Zink**

► **Rezept 180:**

Cr + 2 Ce (% x 2)

Cr	2 Ce	(% x 2)
=	=	=
33,3 ml Chrom	**66,7 ml Cerium**	**4 g Cerium (Pulver)**

► **Rezept 228:**

3 Zn + Cr + 0,25 Ko + 3 % Kreide

3 Zn	Cr	0,25 Ko	3 % Kreide
=	=	=	=
70,6 ml Zinn	**23,5 ml Chrom**	**5,9 ml Kobalt**	**3 g Calciumkarbonat**

► **Rezept 268:**

2 Zn + Ka di + 0,75 Puis + 3 % Kreide + 0,3 % Kleister

2 Zn	Ka di	0,75 Puis	3 % Kreide	0,3 % Kleister
=	=	=	=	=
53,3 ml Zinn	**26,7 ml Kalium-dichromat**	**20 ml Puisaye-Ocker**	**3 g Calcium-karbonat**	**0,3 g Kleister**

► **Rezept 345:**

(Fe s + 0,2 Ko) (verdünnt 1,5 x)

Fe s	0,2 Ko
=	=
33,3 ml Eisen schwarz + 50 ml Wasser	**6,7 ml Kobalt-Oxidtusche + 10 ml Wasser**

oder einfacher: 33,3 ml Eisen schwarz + 6,7 ml Kobalt + 60 ml Wasser

PRAKTISCHE HINWEISE

Welche Menge herstellen?

Um eine Fliese von 10 x 10 cm mit drei Schichten zu versehen, muss man von 6 ml Flüssigkeit ausgehen. Nehmen Sie dies als Basis für die Einschätzung eines Objekts, das Sie färben müssen, indem Sie es im Geiste in Quadrate mit 10 cm Seitenlänge einteilen, und multiplizieren Sie Ihre Schätzung mit 6. Wenn das betreffende Objekt mit der Spritzpistole beschichtet werden soll, multiplizieren Sie Ihr Ergebnis mit 1,5, um den Verlust an Produkt auszugleichen, der dieser Technik innewohnt.

Auftrag mit dem Pinsel

Aufgrund des Absinkens der Oxide muss Ihr Präparat ständig gerührt werden. Man muss sich angewöhnen, die Oxidtusche mit seinem Pinsel fast jedes Mal umzurühren, wenn man ihn damit tränkt.

Wenn Sie für eine größere Arbeit genügend Oxidtusche zubereitet haben, können Sie eine „faule Tasse" verwenden, die das Umrühren für Sie übernimmt. Es handelt sich um eine batteriebetriebene Tasse mit einem kleinen Propeller, der Ihre Flüssigkeit in Bewegung hält.

Einsetzen in den Ofen

Die mit Oxidtuschen dekorierten Objekte können direkt auf die Ofenplatte gestellt werden, außer in den seltenen Fällen, bei denen eine Mischung wie eine Glasur reagiert und eine verglaste Schicht bildet (fast ausschließlich bei Lithium enthaltende Rezepte). Vermeiden Sie dennoch, dass die Objekte sich berühren, denn bestimmte Oxide (vor allem Kobalt und Mangan) strahlen ihre Farbe ab.

▶ *Turm der Luftströme.* Wenn das Objekt zu komplex für das Aufsprühen mit der Spritzpistole ist und Pinselstriche unausweichlich sind, kann man auch gleich versuchen, deren Potenzial zu nutzen.

UMRECHNUNG DER REZEPTE IN PROZENTSÄTZE

Je nachdem, wie Sie die Rezepte verwenden wollen, kann es interessant sein, sie in Prozentsätze umzurechnen. Auch wenn die Verwendung von flüssigen Oxiden und Spritzen sich als enorm praktisch für das Arbeiten mit kleinen Mengen erwiesen hat, ist es bei größeren Mengen manchmal einfacher, ein paarmal zu wiegen und ohne Spritzen zu arbeiten. Diese Umrechnung kann auch vorteilhaft sein, wenn Sie Vergleiche zwischen den Ergebnissen anstellen wollen: Die in Prozentsätzen ausgedrückten Rezepte sind leichter zu vergleichen als in Form von Dosen. Und schließlich müssen die Rezepte unbedingt in Prozentsätze umgerechnet werden, wenn Sie sie zum Einfärben von Engoben oder Glasuren verwenden wollen.

Weil all das kompliziert klingen könnte, hier ein Beispiel: Wenn Sie eine Dosis Kobalt-Oxidtusche verwenden, wissen Sie, dass Sie 2 % Kobaltoxid in Ihrem Wasser haben. Wenn Sie dort hinein irgendeine andere Oxidtusche gießen, haben Sie zwangsläufig die doppelte Menge Wasser und die Konzentration des Kobalts beträgt nur noch 1 %.

Wenn Sie zwei Dosen Kobalt-Oxidtusche eingeführt hätten und nur eine einer anderen Oxidtusche, hätte die Konzentration des Kobalts noch 1,33 % betragen. Wenn Sie umgekehrt zwei Dosen einer anderen Oxidtusche auf eine Dosis Kobalt-Oxidtusche gegossen hätten, läge es nur noch in einer Konzentration von 0,67 % vor.

Im Klartext: Sobald eine Oxidtusche in die Zusammensetzung eines Rezepts eingeht, schwankt seine Konzentration in Abhängigkeit von:

- seiner ursprünglichen Konzentration (siehe Tabelle der Oxidtuschen);
- der Anzahl der verwendeten Dosen;
- der Gesamtsumme von Oxidtusche-Dosen im Rezept.

Die Formel liest sich also:

$$\frac{\text{\% der Oxidtusche-Konzentration} \times \text{Anzahl der Dosen}}{\text{Summe der Dosen des Rezepts}}$$

Nehmen wir zum Beispiel das Rezept 412:

4 Zn + 1,5 Ka di + Mn + 4 Zi Si + 10 % Kreide

Beginnen Sie mit der Berechnung der Gesamtzahl an Dosen im Rezept. Der erste Summand „4 Zn“ steht für 4 Dosen Zinn-Oxidtusche und die Zinnkonzentration beträgt 8 % (gemäß der Tabelle der Oxidtuschen). Damit haben Sie alle Daten für die Berechnung:

- den Prozentsatz der Konzentration der Zinn-Oxidtusche: 8 %;
- die Anzahl der Dosen Zinn-Oxidtusche im Rezept: 4;
- die Gesamtzahl der Dosen im Rezept: 10,5.

In eine Formel gebracht:

$$\frac{8\,\% \times 4}{10{,}5} = 3{,}05\,\%\ \text{Zinnoxid.}$$

Der zweite Summand „1,5 Ka di“ bedeutet 1,5 Dosen Kaliumdichromattusche in einer Konzentration von 5 % also:

$$\frac{(5\,\% \times 1{,}5)}{10{,}5} = 0{,}71\,\%\ \text{Kaliumdichromat.}$$

Der dritte Begriff „Mn“ bedeutet 1 Dosis Mangan-Oxidtusche in einer Konzentration von 7 %:

$$\frac{(7\,\% \times 1)}{10{,}5} = 0{,}67\,\%\ \text{Manganoxid.}$$

Der vierte Begriff „4 Zi Si“ bedeutet 4 Dosen Zirkonsilikat in einer Konzentration von 12 %:

$$\frac{(12\,\% \times 4)}{10{,}5} = 4{,}57\,\%\ \text{Zirkonsilikat.}$$

Der letzte Summand des Rezepts „10 % Kreide" ist bereits in Prozent ausgedrückt und braucht daher nicht neu berechnet zu werden.
Nun müssen Sie das Rezept neu schreiben in Form von Prozentsätzen:

3,05 % Zn + 0,71 % Ka di + 0,67 % Mn
+ 4,57 % Zi Si + 10 % Kreide

Jetzt können Sie zum Zubereiten des Rezeptes die Produkte in Pulverform benutzen.
Um 400 ml des Rezepts 412 zuzubereiten, können Sie 400 ml Wasser abmessen und hinzugeben:

- 400 ml x 3,05 % Zn = 12,2 g Zinnoxid;
- 400 ml x 0,71 % Ka di = 2,8 g Kaliumdichromat;
- 400 ml x 0,67 % Mn = 2,7 g Manganoxid;
- 400 ml x 4,57 Zi Si = 18,3 g Zirkonsilikat;
- 400 ml x 10 % Kreide = 40 g Calciumkarbonat.

Diese Berechnungen werden natürlich beschwerlich, wenn man viele Rezepte umrechnen muss, daher empfehle ich dringend, ein Umrechnungsprogramm in Form einer Excel-Tabelle einzurichten.

Wie bereits erwähnt, können die in Prozentsätze umgerechneten Rezepte für das Einfärben von Engoben oder Glasuren verwendet werden. Dann werden die Prozentsätze nicht mehr in Bezug zum Gewicht der Flüssigkeit berechnet, sondern in Bezug auf das Gewicht des trockenen Produkts. Für das Einfärben einer transparenten Glasur können die Prozentsätze so verwendet werden, wie sie sind, aber um eine Engobe einzufärben, müssen sie mindestens verdoppelt werden, um gute Ergebnisse zu erzielen.

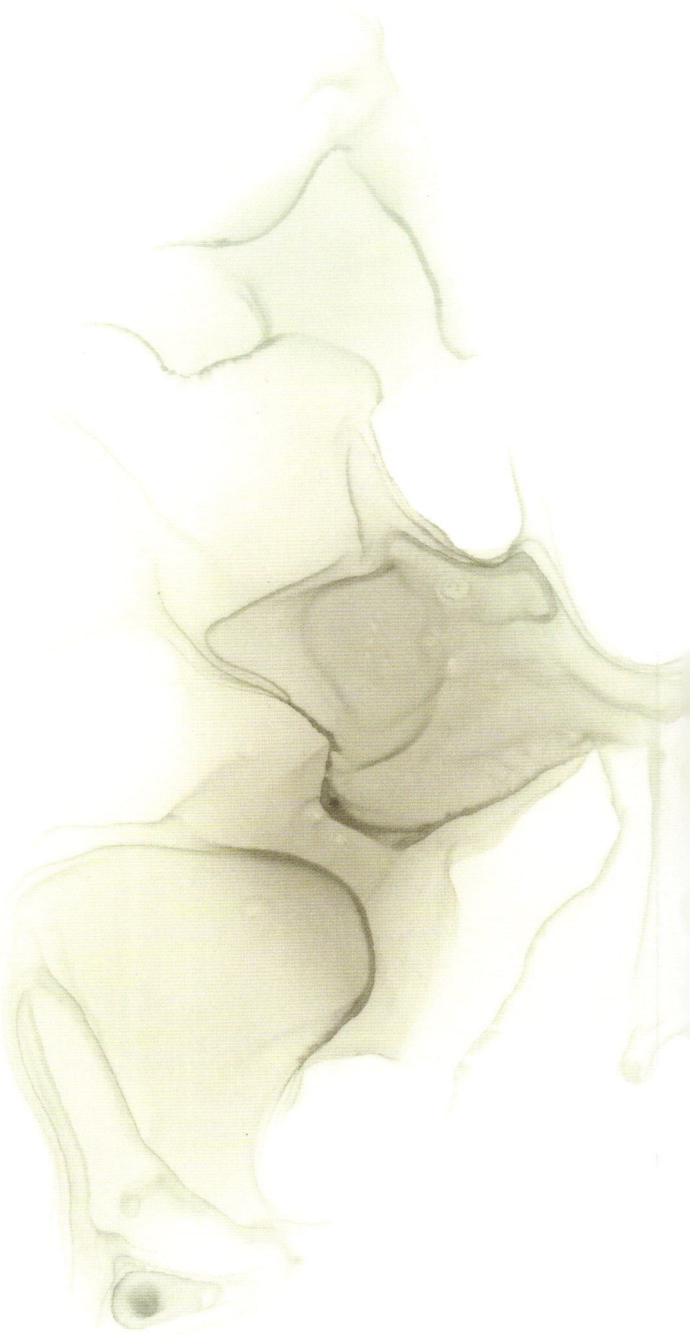

► Links mit Oxidtusche behandelte Testfliesen und rechts Scherben, die mit demselben Rezept glasiert wurden, das in Prozentanteile umgerechnet und einer industriellen Transparentglasur in Pulverform beigemischt wurde.

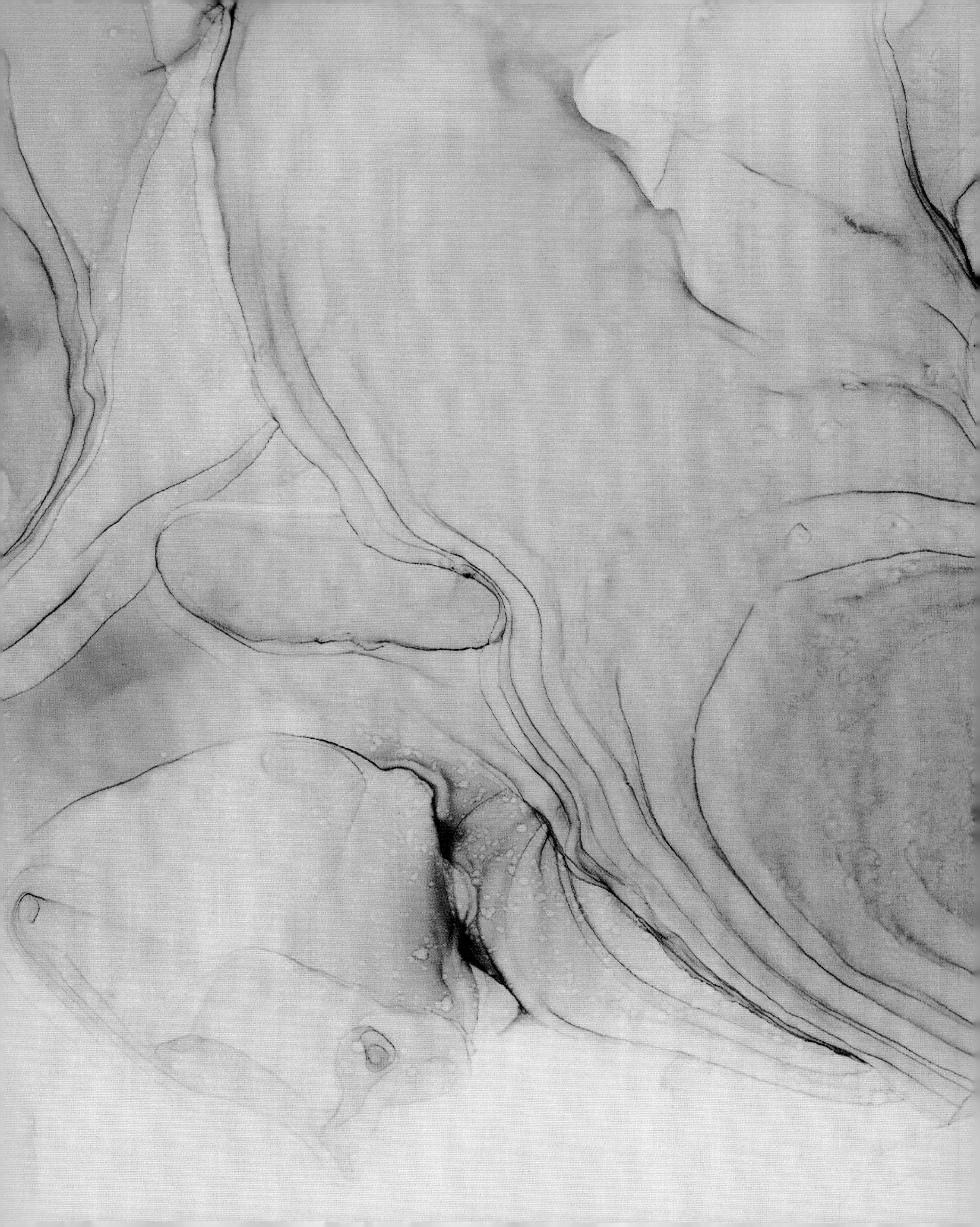

KAPITEL 7

DIE REZEPTE

Wenn Sie die Rezepte nachschlagen, vergessen Sie nicht, die Umschlagklappen zu öffnen, um die Zusammenfassung des Kapitels „In der Praxis“ und die Liste der Abkürzungen stets vor Augen zu haben.

Ko + 0,85 Mn + 0,65 Ni

Chr + Fe r

Cu + Chr + 0,5 Ni

Ko + Cu + 0,5 Ni

Ce + 0,75 Ti

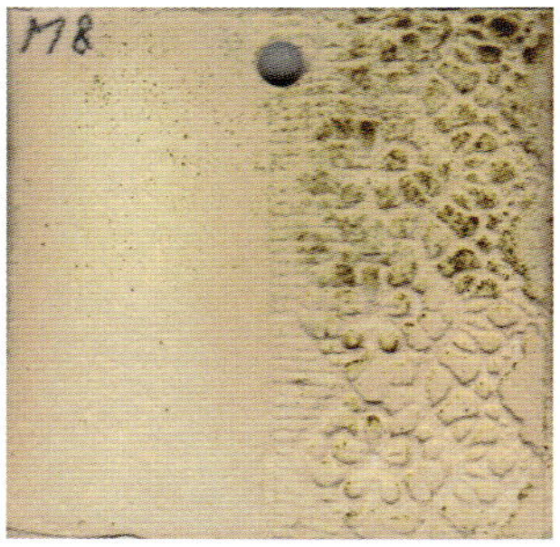

Ce + 0,75 Vg

(Am + Ka di) (% x 2)

Ko (verdünnt + Ka di (% x 2)

Mn + Zk

Ko + Mn

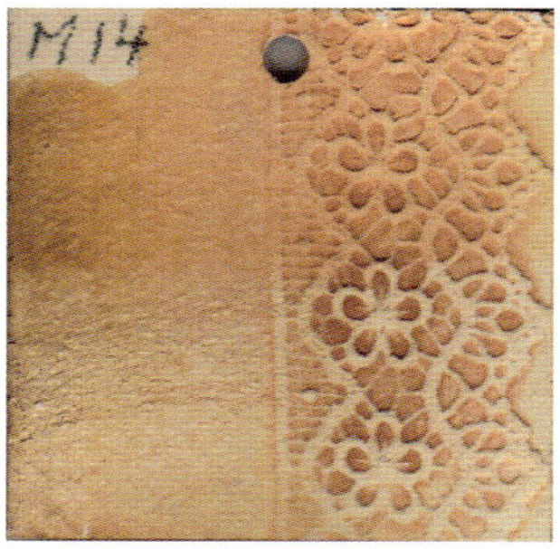

Ti + Ru (verdünnt)

Ko + Chr

Ko + 2 Ilm

Ko + Zi Si

Cr + Zi Si

Cr + Zk

Cr + Zi Si + 10 % Talc

Ko + Fe r

(Ko + Ni) (verdünnt)

Ko + 1,5 Fe r + Mn + Cu

2 Ti + Fe g

Ko + Cr

Cr + 10 % Nephelin Syenit

Vg + Ko

Ce + Fe r

3 Thiv + Ko

Fe r + Am

Sr + Ko

Am + Fe g + Ti

2 Fe g + Ko

Cr + Mg

Fe r + Sr

Ni + Mn

Mn + Zk

3 Ni + Ko

Ko + 3 Mg

Ko + Cu

Ko + Ru (verdünnt)

Cu + Fe s

3 Ko + Mn + 0,75 Cu + 1,66 Fe s + 8 % Frit Pb

(Ko + Cr) (verdünnt 4 x) getaucht

2 Ce + Ko

3 Ti + Ko

3 Ti + Cr

2 Fe g + Cr

Ko + 15 % Speisesalz

Ko + Essig

Ni + Ti

Ilm + Thiv

(Ba + Cu) (% x 2)

Cu + Ni

4,2 Ba + 1,3 Zn + 0,5 Cu

Zk + Fe r

3 Ti + 5 Zk + Ko

2,25 Ko + 0,75 Cr + 3 Zi Si

3 Ni + Fe r

Ko + 0,75 Cr + 3 Zi Si

Zn + 5 Cr

Vg + Ti

Ti + Zk + Fe r

Ti + Ni + Zk

Zi Si + Vg

Cr + Al + Zk

Mn + Al + 10 % P

2 Zk + Mn

Ti + Ni + Am

Ti + 25 % Na

5 Ti + Ko

3 Zk + Fe r

Ni + 25 % Streusalz

3 Mn + 2 Zi Si + Ko

3 Zn + Cr

2 Ce + Cr

3 Zk + Ko

Am + Cr

Am + Ko

Vg + Cu

Vg + Am

4 Zn + Mn + 0,5 Ko

Mn + 3 Ru (verdünnt)

2 Zn + Ko + Fe r

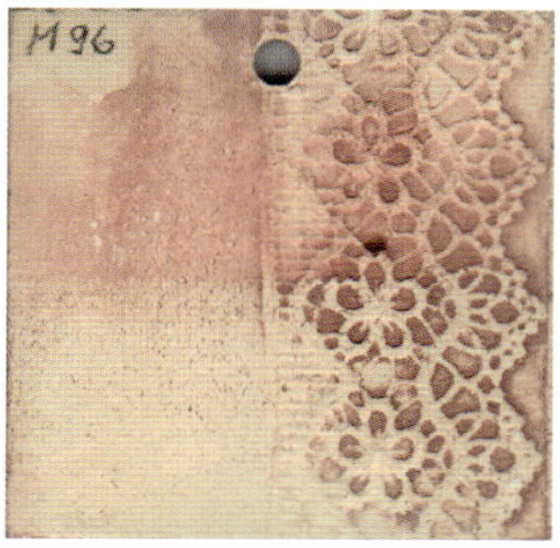

Puis + 2 Zn

Cr + 3 Chr

Am + Zn + Fe g

Am + Zk + Fe g

Am + Zn + Fe s

1,5 Ko + 1,5 Fe r + Mn + Cu + 10 Zi Si

3 Zn + Cr + 0,5 Fe g

Cr + 0,5 Puis

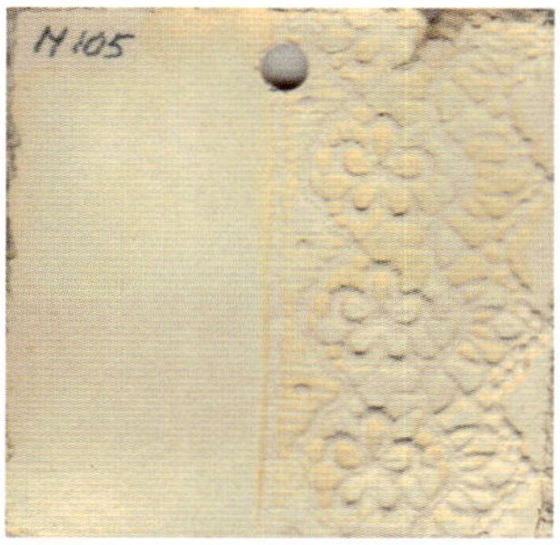

Puis + 2 Zk

Puis + 3 Zi Si

5 Zi Si + Cr + 0,5 Fe g

Am + Zn + 2 Fe s

4 Zn + 0,5 Mn + 0,25 Ko

Puis + Zn

Am + Zn + Fe g + Fe r

Cr + Mg + 0,5 Fe g

2 Zk + Cr + 0,5 Puis

2 Ce + Cr + 0,5 Ko

Cu + Zk

2 Chr + 0,5 Ko

3 Zn + Cr + Ti

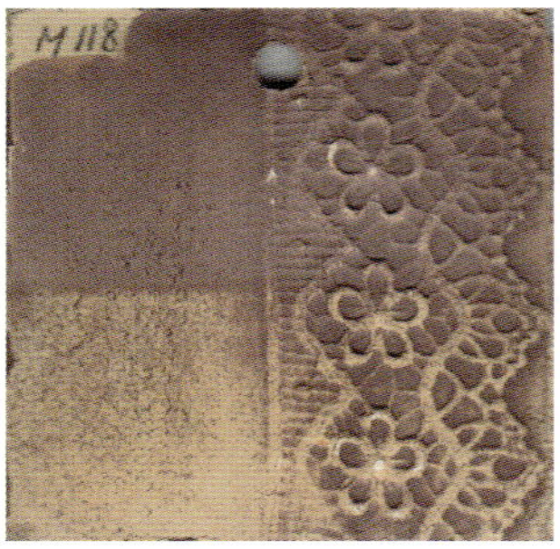

3 Zn + Cr + Puis

Chr + Ti

Ti + Ko

(Chr + Ni) (verdünnt)

2 Zn + Fe g

3 Zn + Ko

Puis + Zk

2 Cu + Zk

3 Ba + Mn

Am + Ka di + 3 Zn + Cr + 0,5 Puis

2 Chr + 0,5 Ko + 3 Zn

3 Ko + Mn + 0,75 Cu + 1,66 Fe s + 6 Zn + 8 % Frit Pb

Ni + Zn

Ni + Zk

Ti + Puis + 2 Zi Si

0,5 Ko + 0,75 Cr + 6 Zi Si

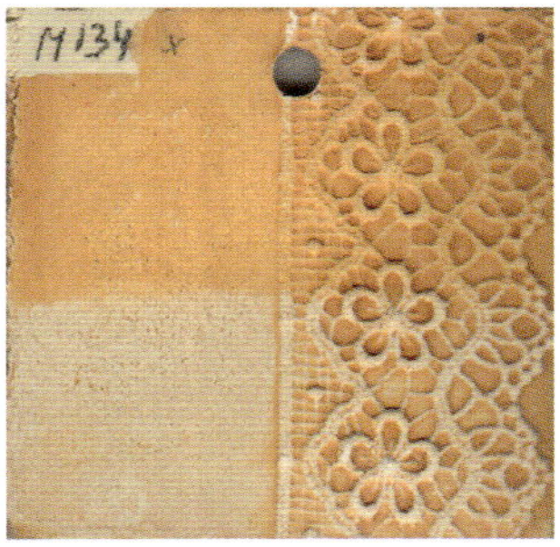

Ti + Zk + Fe r + Zn + 0,25 Ko

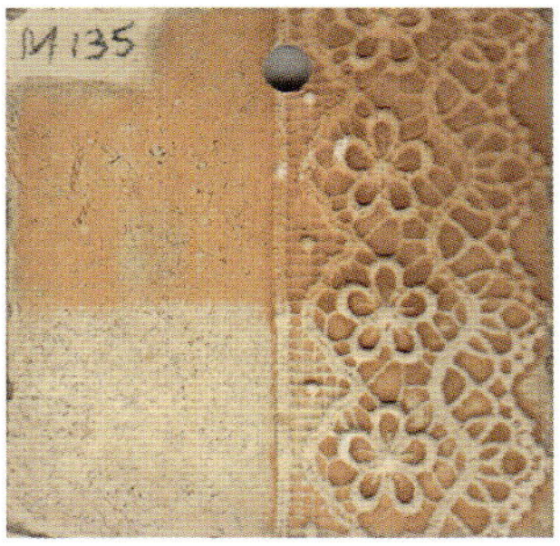

Ti + Zk + Fe r + Zn + 0,5 Ko + 3 Zi Si

Thiv + Zn

2 Puis + Zk

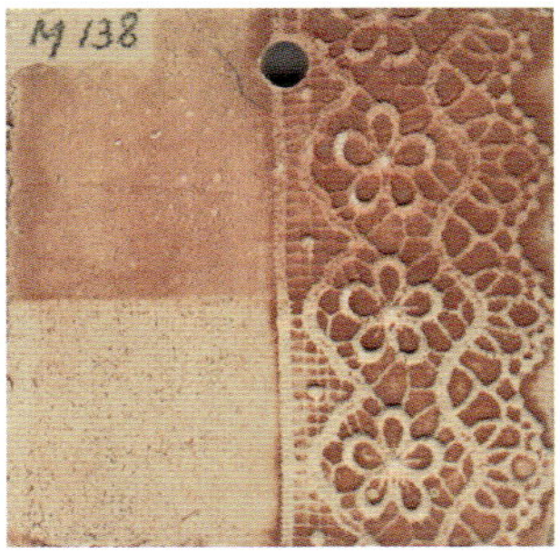

Puis + 1,5 Zi Si

Cu + Zn

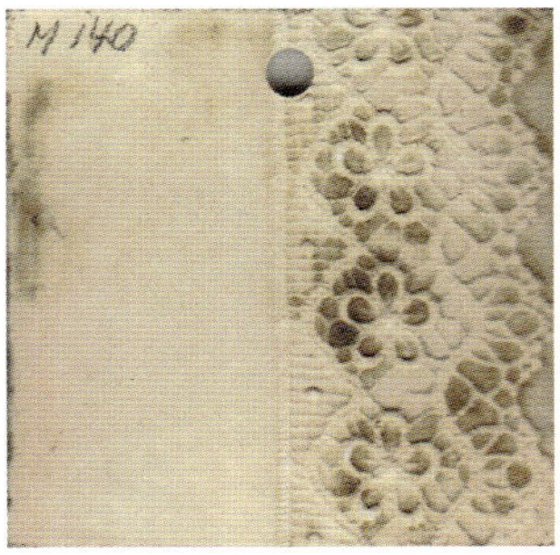

7 Cu + Zk

0,5 Fe g + Ko + 4 Zn

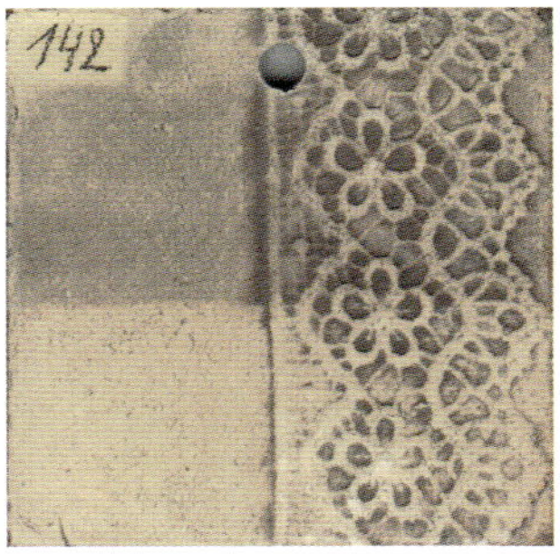

Puis + 3 Zi Si + 0,25 Ko

5 Cu + 2 Zk + Zn

Puis + Zn + 0,25 Ko

2 Zk + Fe s

Ko + 1,5 Mg

2 Fe g + Ko + 4 Zi Si

Cr + 2 Mg + Fe g

Cr + 2 Mg + 0,25 Mn

Cr + 2 Mg + 0,25 Ko

Vg (% x 2)
2 Schichten aufgespritzt

4 Ba + 0,5 Cu

Ko + Ni + 3 Zk

Fe r + 3 Zk + 0,25 Ko

5 Ti + Ko + 2 Zk

Ti + Ni + Zk + 0,5 Ko

Ti + Ni + Zk + 2 Ce + Cr

3 Zk + Ko + Puis

3 Ru + 0,5 Mn + 2 Zi Si

Fe g + 7 Zi Si

1,5 Puis + 2 Zn + Zk

Puis + Zn (% x 2)

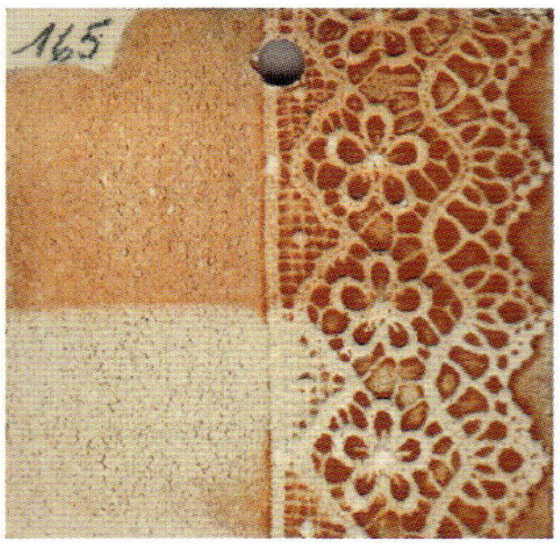

Am + Zk + Fe s

Am + Zk + 2 Puis

Am + Zk + Fe g + Cr

Am + Zk + Fe g + 0,5 Ko

Am + Zk + Ni

3 Am + Mn

2 Mg + Zk + Cr + Ko

2 Ce + Cr + 0,5 Fe g

2 Ce + Cr + 0,5 Mn

Ni + Zk + 0,5 Ko

Puis + 2 Zi Si + 25 % Na

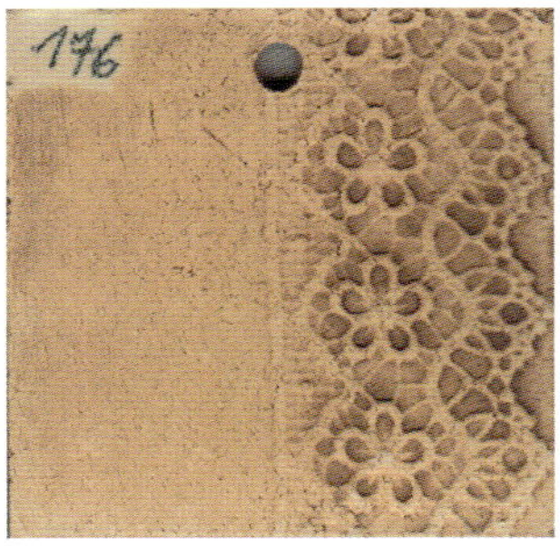

Cr + 2 Ka di + 2 Zk

1,5 Puis + 2 Zk (% x 2)

1,5 Cr + Ko + 4 Zk

Ni (% x 2)

Cr + 2 Ce (% x 2)

4 Zk + Ko + Fe r

Ko + 2 Am + 2 Zk

Ko + 1,5 Fe g + 2 Am

2 Ka di + Ko

2 Fe g + Cr + 5 Ce

2 Fe g + Ko + 6 Mg

Cr + SNi

Ti + SNi

Cu + 10 % Na

Ti + 1,5 Cu

Cu + 0,75 Ti

1,5 Cu + Wis Ni

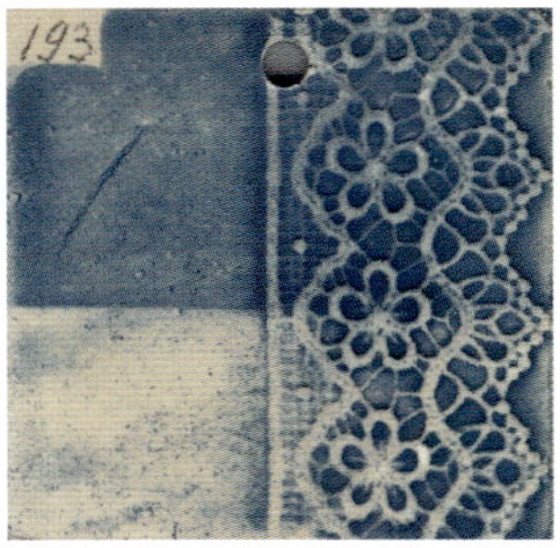

3 Al + Ko

3 Ba + Ko

Ko + Mg + Zn

Puis + 2 Zi Si + 0,25 Fe s

Fe s + 2 Zi Si

Am + Zk + Vg

Puis (% x 2) + 2 Zn + Fe g + Zk + Am

2 Ba + Cu + Zn

Mn (verdünnt 4 x) + 4 % Na

3 Mg + Ni

3 Mg + Fe g

2 Ba + Cr

2 Zn + Cr + 5 % Kreide

2 Ti + Ni

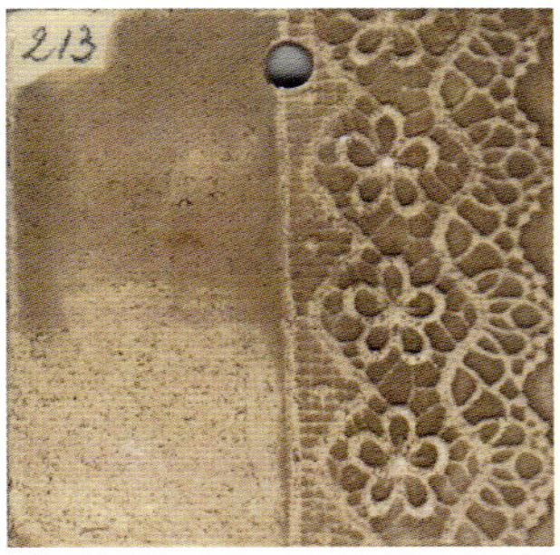

Ni + 4 Ba + Zk

Am + Zk + Ni + Fe g

Am + Zk + Ni + 0,5 Ko

Ko + Li

Ko + 2 Am + Mg (% x 3)

Ko + Zk + Al

Ni + Am

Ti + Am

0,5 Cr + 0,5 Ko + 2 Mg

Ti + Am + Cr

2 Wis Ni + 0,25 Ko

Puis (% x 2) + 2 Zn + Fe g + 1,25 Zk + Am + 0,25 Al + 0,25 Ko

2 Zn + Cr + 3 % Kreide

3 Zn + Cr + 0,25 Ko + 3 % Kreide

0,5 Ni + Cr

Cr + 0,5 Fe g + Zk + Al

Cr + Ko + 1,5 Zk + 1,5 Al

Cr + 0,5 Al

3 Thiv + Ko + 2 Zk

3 Thiv + Ko + 2 Zn

3 Thiv + Ko + Zk + Am

3 Zn + Cr + 0,25 Fe g + 3 % Kreide

2 Zn + Ka di + 3 % Kreide

Ti (% x 2) + Am

Ti (% x 2) + Zk

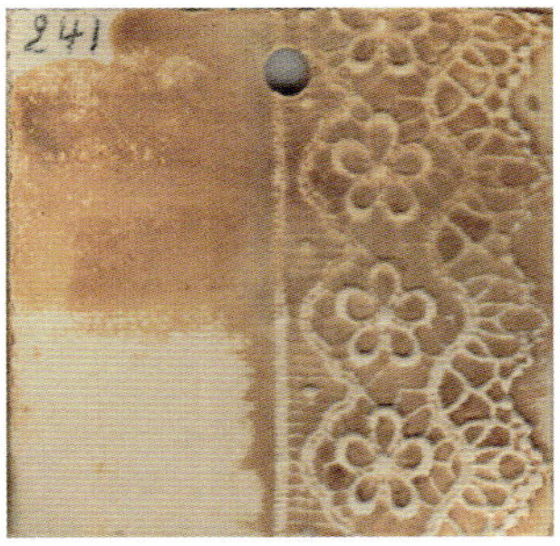

Ru + Ti + Am + Zk

Ru + Zk

2 Vg + Zi Si + 10 % Quarz

Am + Zn

Fe r + Zi Si + 10 % Quarz

Zk + 2 Am + Ni + Ko

Ti + Ni + Zk + 0,3 % Kleister

2 Zn + Ka di + 3 % Kreide
+ 0,3 % Kleister

Fe g + 2 Al

Cu (% x 2) + 10 % Frit Pb
+ 0,3 % Kleister

Cu (% x 2) + 10 % Frit B-A + 0,3 % Kleister

Cu + Ni + Am + Zk

4 Zn + Cr + Ka di + 5 % Kreide + 0,3 % Kleister

2 Zn + Cr + 8 % Kreide

Zk + Zn + Sr + Ba

Mn + 10 % Frit Pb

Ka di + 10 % Frit Pb + 0,3 % Kleister

Cu + Ni + Cr

Cu + Ru

Ti + 10 % P

Am + Ti + Zk + 10 % Frit Pb

Ka di + 2 Ce (% x 2)

Cu + 2 Al

Cu + 15 % Kreide

Am + Zk + 1,5 Zn + Cr + 5 % Kreide

5 Ti + Ko + 2 Zk + 2 Am

2 Zn + Ka di + 0,25 Ko
+ 3 % Kreide + 0,3 % Kleister

2 Zn + Ka di + 0,75 Puis
+ 3 % Kreide + 0,3 % Kleister

2 Zn + Ka di + Ti + 3 % Kreide
+ 0,3 % Kleister

Fe g + 1,5 Zk

Fe g + 1,5 Am

Ti (% x 2) + Am + 0,2 Ko

Si + Cu

Si + Fe r

Ba (% x 8) + Cu + 6 % Quarz

Fe g + 10 % P

(Cu + Ba) (% x 3) + 5 % Frit B-A
+ 0,3 % Kleister

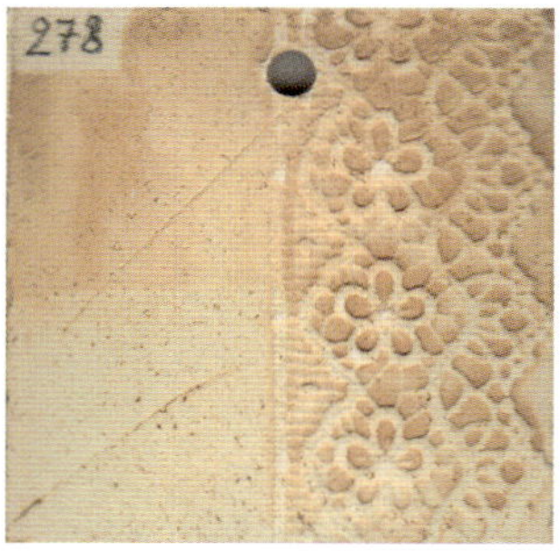

Cr + Mg + Zk

Cu + Al + 10 % Quarz

Cu + Zn + 15 % Kreide

Mo + Ni

Mo + Fe g

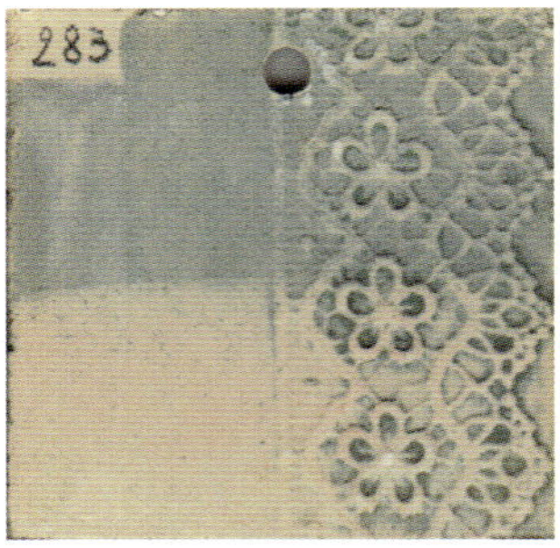

1,5 Puis + 2 Zk (% x 2) + 0,25 Ko

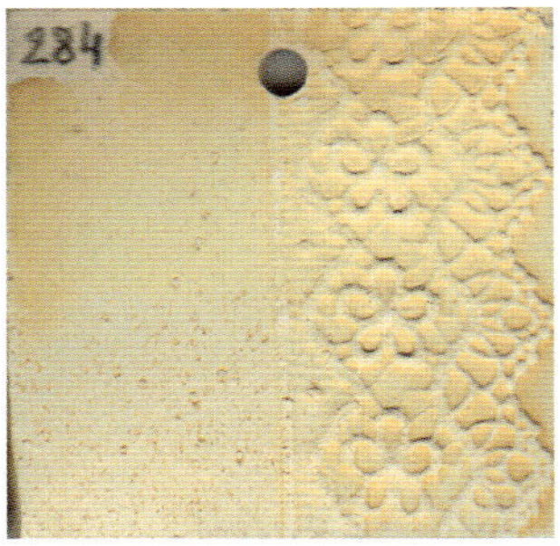

Am + Zk + Puis

Ru + Zn

Thiv + Zk

Ilm + Zk

Ilm + Zn

5 Zi Si + Cr + 6 % Kreide
+ 0,3 % Kleister

2 Zn + Cr + 8 % Kreide
+ 0,3 % Kleister

2 Zn + Cr + 5 % Fsp

2 Zn + Ka di + 3 % Fsp
+ 0,3 % Kleister

2 Zn + Ka di + 0,5 Puis
+ 0,3 % Kleister

2,5 Zn + Ka di + 0,3 % Kleister

Zk + Ka di

5 Zi Si + Ka di + 3 % Kreide
+ 0,3 % Kleister

2 Ce + Ka di + 0,3 % Kleister

Am + Zn + Ka di + 0,3 % Kleister

2 Zn + Am + Ka di + 3 % Kreide + 0,3 % Kleister

2 Zn + Ka di + 0,5 Al + 0,5 Zk + 0,5 Ko + 3 % Kreide + 0,3 % Kleister

2 Zn + Ka di + Zk + 3 % Kreide + 0,3 % Kleister

Ko + Mg + 0,3 % Kleister

Zn + 0,5 Mg + 0,25 Ko + 0,3 % Kleister

5 Ru + Ko

2 Fe g + Am + Zk

Fe r + Zk + Am

Fe s + 2 Am

Fe s + Zi Si

Fe r + 2 Zn

Fe s + Zi Si + Am

Fe r + 4 Zi Si

Fe g + 2 Zi Si + Am

Zn + Chr + 5 % Kreide + 0,3 % Kleister

3 Zn + Mn + 5 % Kreide

Ti + Ni + Am + Zk

3 Cr + 0,3 Fe r + 0,2 Mn + 0,7 Ko

Ka di + 3 % Quarz + 3 % Kreide + 3 % Fsp

2 Zn + Ka di + 3 % Kreide + 0,3 % Kleister + 7 % Quarz

3 Zn + Ka di + 3 % Kreide + 0,3 % Kleister + 10 % Frit B-A

Cr + 10 % Frit Pb

Ka di + 0,7 Al

2 Zn + Ka di + Cu + 3 % Kreide + 0,3 % Kleister

Cu (% x 2) + 2 Ba + 10 % Frit Pb + 0,3 % Kleister

Cu + Ba + 15 % Kreide

2 Zn + Ka di + Chr + 3 % Kreide + 0,3 % Kleister

Ba (% x 8) + Cu + Zn + 0,25 Ko + 6 % Quarz

2 Zn + Cr + 0,5 Cu + 8 % Kreide

2 Zn + Ka di + Ba + 3 % Kreide + 0,3 % Kleister

3 Ba + Mn

Fe r + 3 Zk + 0,5 Ko + 1,5 Zn

Fe r + 4 Zk + 0,5 Ko

Fe r (verdünnt) + 15 % P

Fe r + 3 Zi Si + 10 % P

Fe r + Zi Si + 15 % P

Ko + 2 Am + 2 Mg + 0,5 Mn

Vo + Ce

Vo (% x 2)

Vo + Am

1,5 Vo + Zk + Am

Vo + Zn

Vo + 2 Mg

4 Ka di + 0,5 Ko + 3 Zi Si

Fe s + 4 Mg

(Fe g + 0,2 Ko) (verdünnt)

(Fe s + 0,2 Ko) (verdünnt 1,5 x)

Mn + 1,5 Zk + 6 % Kreide

Fe r + 2 Am

Vo (verdünnt)

2 Ni + 5 Zk

0,5 Si + Cu + Zn

2 Zn + Ka di + Am + 3 % Kreide + 0,3 % Kleister

Vo (% x 2) + Zn

Vo (% x 2) + Am

Vo (% x 2) + Ti

Vo (% x 2) + 0,2 Ko

Vo (% x 2) + 0,5 Fe g + Zi Si

2 Zn + Ka di + 0,5 Puis + 0,3 Ko + 0,3 % Kleister

Fe r + Zi Si + 2 Al + 15 % P

Fe r + Zi Si + 2 Al + 0,25 Ko + 15 % P

Cu + Mo

Cu + Li

Si + Cu + Zn

Cr + 15 % Frit B-A

Fe r + Zi Si + 15 % P
+ 10 % Frit B-A

Fe s + Zi Si + 15 % P
+ 10 % Frit B-A

Ko + Cr + Am

Ko + Cr + 2 Mg

5 Ti + Ko + Cr

5 Ti + Ko + Ni

8 Ti + Ko

Fe r + Ko + Am + 2 Zn

2,5 Ilm + Zk + Am

Ilm + Zk + Ko + 2 Ti

2 Ilm + Ko + 2 Zn

Ilm + Ni

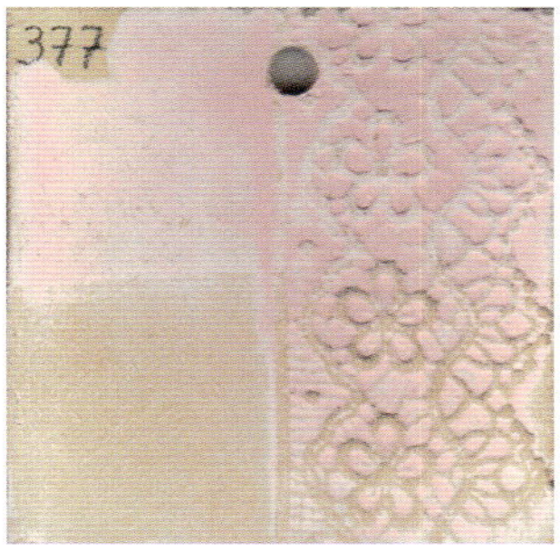

4 Zn + 2 Ka di + 3 Zi Si
+ 3 % Kreide + 0,3 % Kleister

2 Zn + Ka di + 3 Cu + 0,75 Ko
+ 3 % Kreide + 0,3 % Kleister

Am + Zk + Fe g + 0,3 Ko

Puis + 4 Zi Si + Chr

Ti + Ni + Zk + 0,25 Ko
+ 0,3 % Kleister

Ko + 2 Ru + 1,5 Zn

Vo (% x 2) + 15 % Frit Pb

Vo (% x 2) + 0,3 % Kleister

Vo (% x 2) + 8 % Kreide

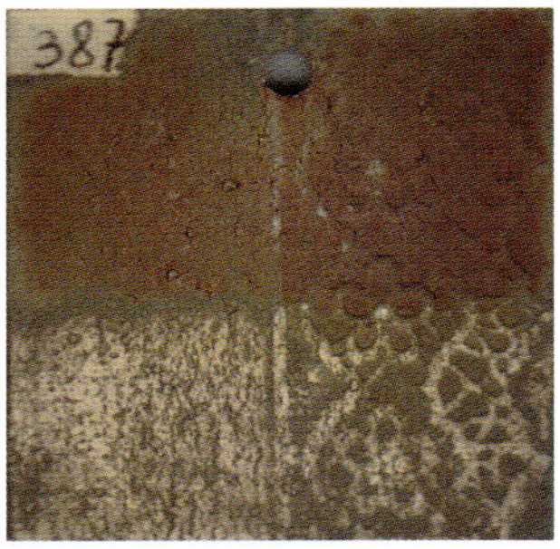

Vo (% x 2) + 0,3 Ko
+ 0,3 % Kleister

Vo (% x 2) + 0,5 Fe g

3,5 Zn + Mn + 10 % Kreide

Ti + Ni + Zk + 0,5 Ko
+ 0,3 % Kleister

2 Zn + Ka di + 1,5 Zi Si + 0,5 Ko
+ 3 % Kreide + 0,3 % Kleister

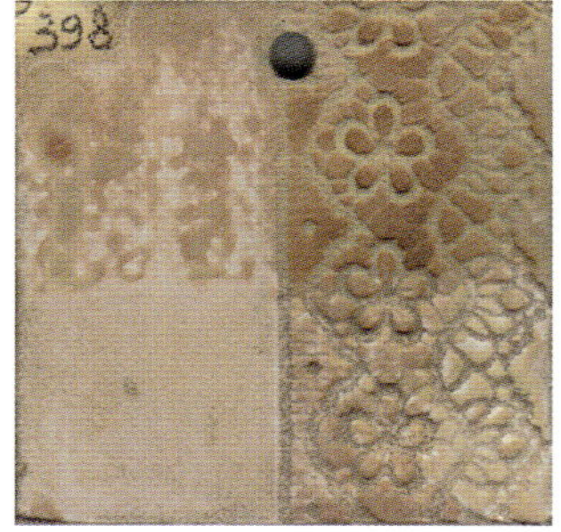

2 Zn + Ka di + 1,5 Vo + 3 % Kreide
+ 0,3 % Kleister

4 Zn + Ka di + Cr + 6 % Kreide
+ 0,3 % Kleister

3 Zn + Cr + 10 % Kreide

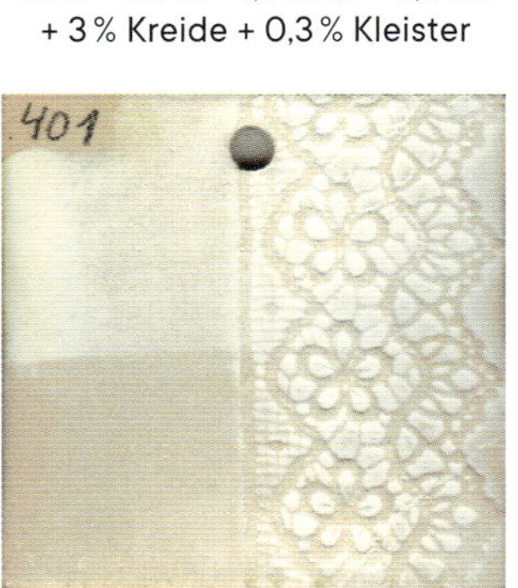

1,5 Ce + Zi Si

2 Zn + Ka di + 1,5 Ce + 3 % Kreide
+ 0,3 % Kleister

2 Zn + Mn + 20 % Kreide

Mn (verdünnt) + 20 % Kreide

Vo (% x 2) + 25 % Frit Pb + 0,3 % Kleister

Vo (% x 2) + 12 % Kreide + 0,3 % Kleister

Ti + Ni + Zk + 15 % Frit Pb + 0,3 % Kleister

Ti + Ni + Zk + Vo (% x 2) + 15 % Frit Pb + 0,3 % Kleister

Ko + Zk + Al + 4 Ti

Ko + 4 Mg + 4 Ti

Zk + 8,5 Al + 3 Mo

4 Zn + 1,5 Ka di + Mn + 4 Zi Si + 10 % Kreide

Zn + 10 % Kreide

Vo (% x 2) + 0,3 Ko + 1,5 Zn + 0,3 % Kleister

Vo (% x 2) + Zn + 15 % Frit Pb

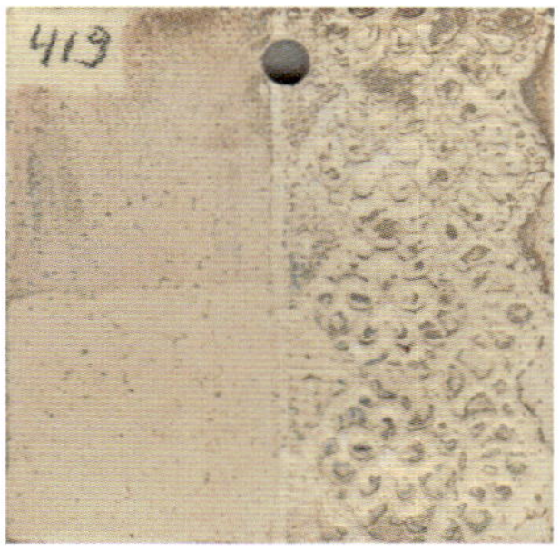

15 % Kreide

5,5 Cr + 0,75 Ko + 1,8 Fe r + 0,85 Mn

Ko + 10 % Glimmer

Vo (% x 2) + 0,6 Ko

Vo (% x 2) + 8 % Kreide

2 Zn + 0,3 Mn + 20 % Kreide

2 Zn + 0,5 Fe r + 20 % Kreide

Ni+ Zn + 8 % Kreide

Fe g + 2 Zn + 8 % Kreide

2 Zn + Cr + 8 % Kreide + 5 % Ton

Vo (% x 2) + Zn + 15 % Frit Pb + 5 % Ton

Ti + Ni + Zk + 0,5 Ko + 5 % Ton

Ko + Cr + 2 Mg + 5 % Ton

Zn + Mn + 20 % Kreide

Ni + 2 Zn + 8 % Kreide

Fe s + 2 Zn + 8 % Kreide

Ru + 2 Zn + 8 % Kreide

0,5 Ko + 2 Zn + 8 % Kreide

2 Zn + Ka di + 3 % Kreide + 5 % Ton

Fe g + 2 Zn + 3 % Kreide

2 Zn + Cr + 16 % Kreide

1,5 Fe g + Ko + 6 Zn

Ni + 2 Pa

Fe g + 2 Pa

Vo (% x 2) + 2 Pa

Vo (% x 2) + 10 % Ka

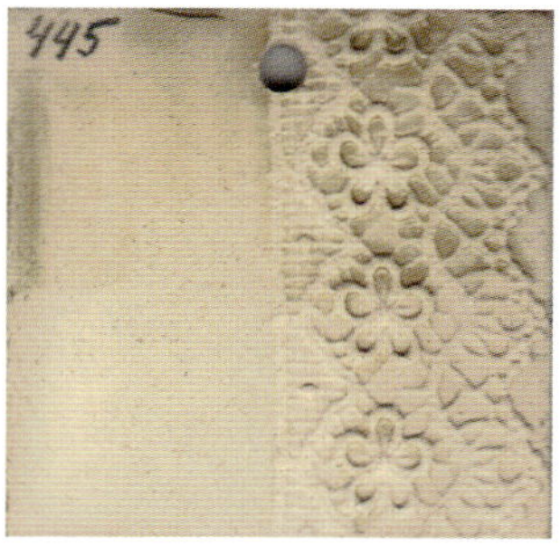

Cu + 2 Pa + 10 % Frit Pb

Ko + 10 % Ka

Fe s (verdünnt) + 10 % Ka

Mn + Zn + 10 % Ka

2 Zn + Ka di + 2 Pa + 3 % Kreide

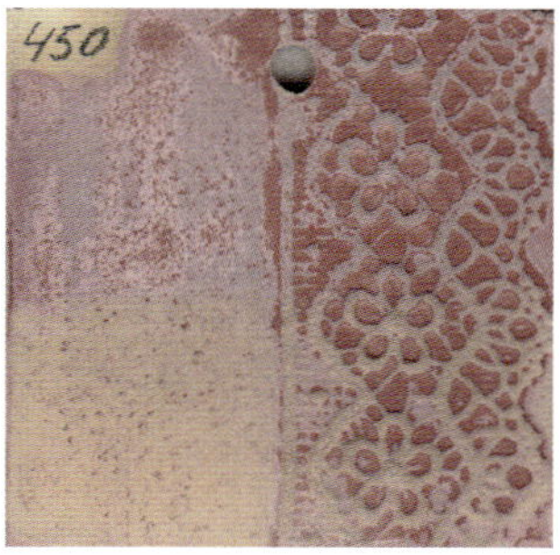

2 Zn + Ka di + 10 % Kreide

2 Zn + Cr + 8 % Kreide + 5 % Ka

Fe s (verdünnt 2 x) + 0,2 Ko + 3 % Ton

2 Mn + 3,5 Ko

2 Fe r + 2 Cu + 1,1 Mn

2 Fe r + 2 Cu + 1,1 Mn + 8 Zn

Vo + Zk

Fe g + 1,5 Zn + 1,5 Zk + 8 % Kreide

Vo (% x 2) + 2 Pa + Zn + 5 % Kreide

Vo (% x 2) + 2 Pa + 0,3 Ko

2 Zn + 0,5 Ko + Cr + 8 % Kreide

2 Zn + 0,5 Ko + Cr + 8 % Kreide + 5 % Ka

2 Zn + 0,5 Ko + 0,5 Fe g + 8 % Kreide

2 Ni + Ko + 4 Zn

(Fe g + Ko) (verdünnt 1,5 x) + 6 Zn

Ko + Mg + Zn + 8 % Kreide

Vo (% x 2) + Ni

Vo (% x 2) + 0,5 Cr

Ti + Ni + Zk + 10 % Frit Pb + 0,3 % Kleister

Ti (% x 2) + Ni + Zk + 0,3 % Kleister

0,5 Ko + 0,3 Mn + 2,5 Zn + 8 % Kreide

2 Zn + Cr + Pa + 8 % Kreide

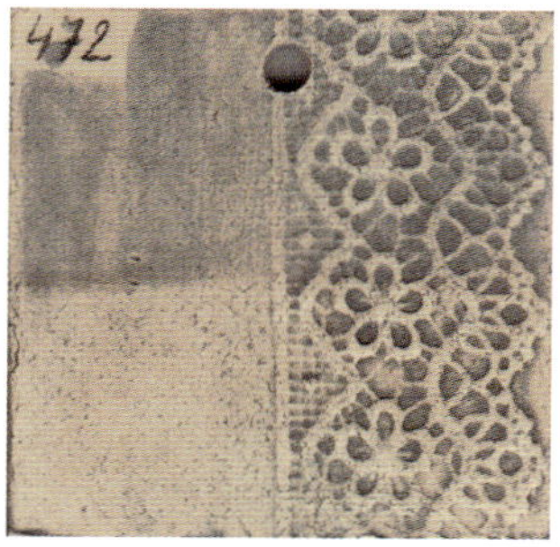

Fe s (verdünnt 2 x) + 0,2 Ko + 6 Zn + 3 % Ton

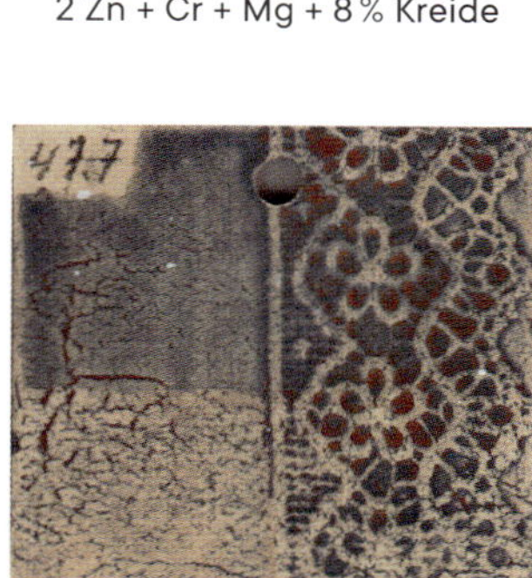

2 Zn + Cr + Mg + 8 % Kreide

2 Zn + (0,2 Ko + 0,5 Fe g) (verdünnt) + 8 % Kreide

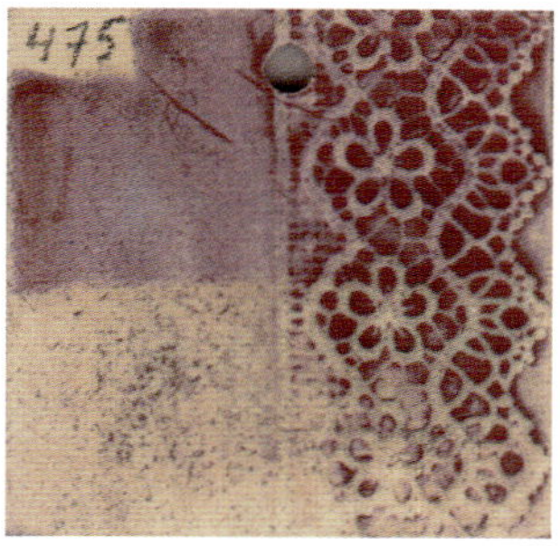

2 Zn + (0,5 Ko + Cr) (verdünnt 2 x) + 8 % Kreide

Fe g + 2 Zn + 2 Zi Si + 8 % Kreide

2 Zn + 0,5 Ko + Cr + 2 Mg + 8 % Kreide

3 Ti + Ko + 2 Zn + 8 % Kreide

2 Zn + Fe g + 2 Ti + 2 Zi Si + 8 % Kreide

2 Zn + Puis + 2 Zi Si + 8 % Kreide

Fe g + 2 Zn + 2 Zi Si + 8 % Kreide + 10 % Frit Pb

0,3 Ko + 0,2 Mn + 2,5 Zn + 2 Zi Si + 8 % Kreide

Cr + Ko + 1,5 Zk + 1,5 Al + 10 % Ton

Vo (% x 2) + 2 Zi Si

Vo (% x 2) + 2 Zi Si + 10 % Quarz

2 Ni + Ko + 4 Zi Si

2 Ni + Ko + 2 Al + 2 Zk

2 Zn + Cr + 8 % Kreide
+ 5 % Quarz

Fe g + 10 % S

Ko + 10 % S

1,5 Ce + Zi Si + 8 % Kreide

Wis Ni (% x 2) + 2 Zn + 8 % Kreide

2 Zn + 0,2 Ko + Cr + 8 % Kreide
+ 5 % Ka

0,5 Ko + 0,15 Mn + 2,5 Zn
+ 8 % Kreide

Cu + 10 % Kreide + 10 % Talc

Ko + Cu + 0,5 Ni + 2 Zn

3 Zn + Cr + 0,5 Ko + 8 % Kreide

2 Zn + 0,5 Ko + Cr + 3 Zi Si
+ 8 % Kreide

3 Zn + 0,5 Ko + 0,5 Fe s
+ 8 % Kreide

0,5 Fe s + 0,5 Fe g + Zi Si + Am

2 Ni + Ko + 3 Zn + 8 % Kreide

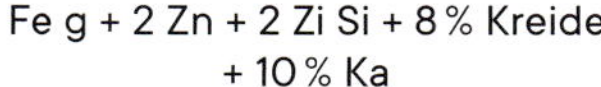
Fe g + 2 Zn + 2 Zi Si + 8 % Kreide + 10 % Ka

Ti + Ni + Zk + Zn + 8 % Kreide

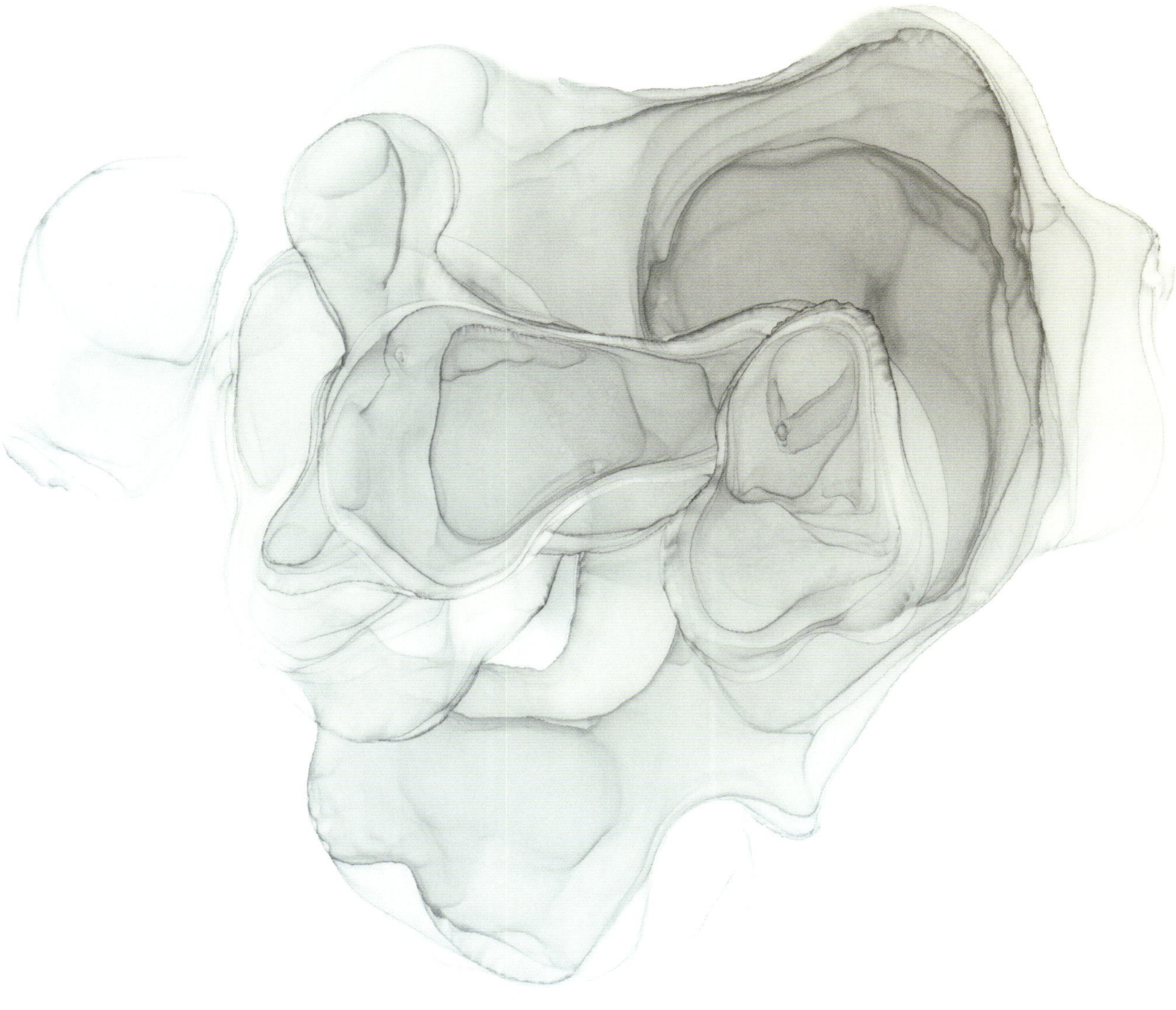

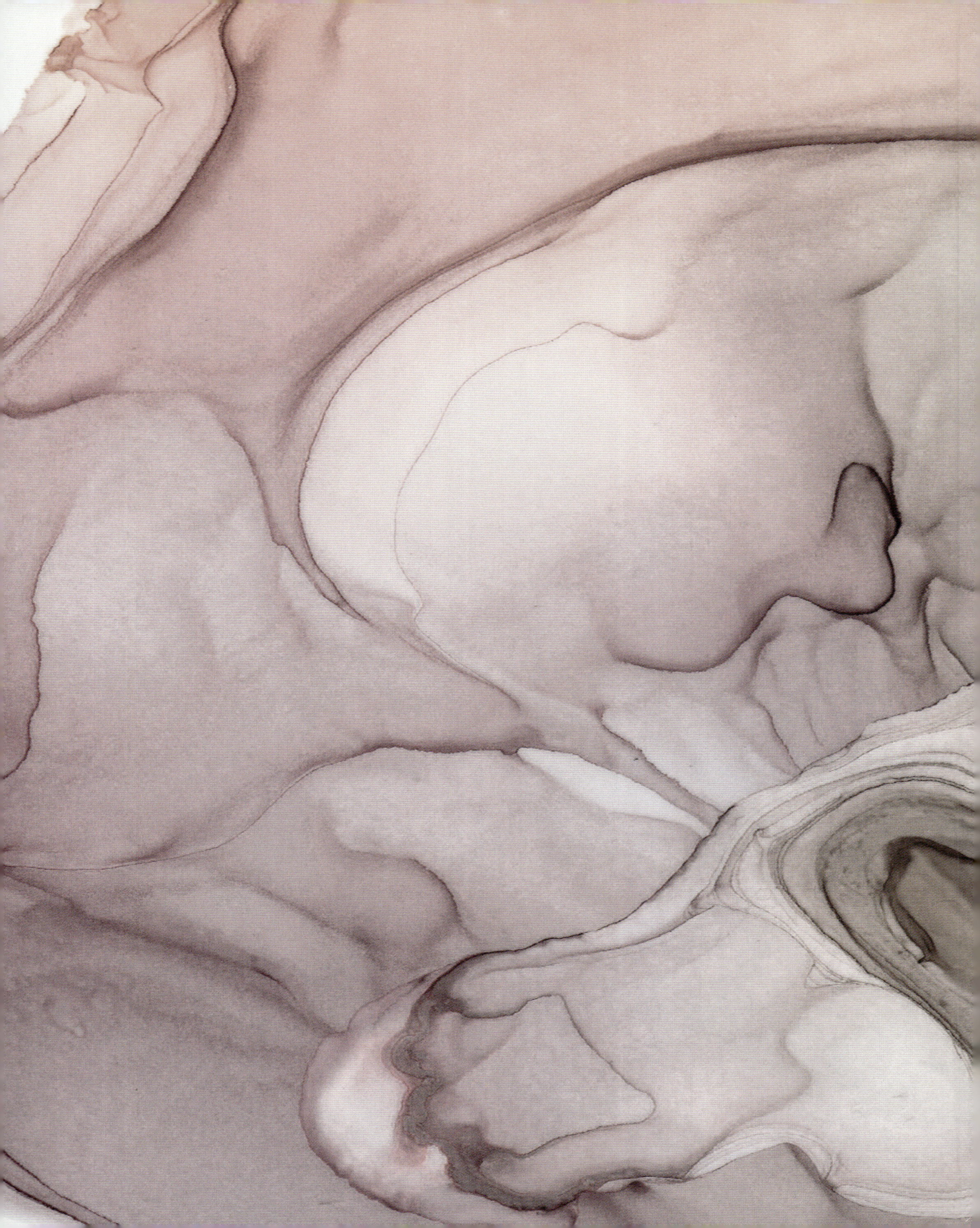

ANHÄNGE

TABELLEN DER MISCHUNGEN

Die Tabellen der getesteten Verbindungen, mit denen dieses Buch endet, zeigen die Rezepte in einer stark vereinfachten Form, bei der nur ihre Bestandteile wiedergegeben werden. Sie sollen dem Leser als praktisches Werkzeug dienen, der durch diese Darstellungsweise in der Lage ist, ganz einfach alle Rezepte zu erfassen, in denen dieses oder jenes Produkt vorkommt, oder nachzuschlagen, ob eine bestimmte Oxidverbindung bereits getestet worden ist.
In der linken Spalte erscheint die Nummer des Rezeptes, in den folgenden Spalten sind die Elemente aufgeführt, aus denen es zusammengesetzt ist. Sollten Sie noch nicht mit den in diesem Buch verwendeten Abkürzungen vertraut sein, empfehle ich, die hintere Umschlagklappe zu öffnen, um die Bezeichnungen in den Spalten zu entschlüsseln.

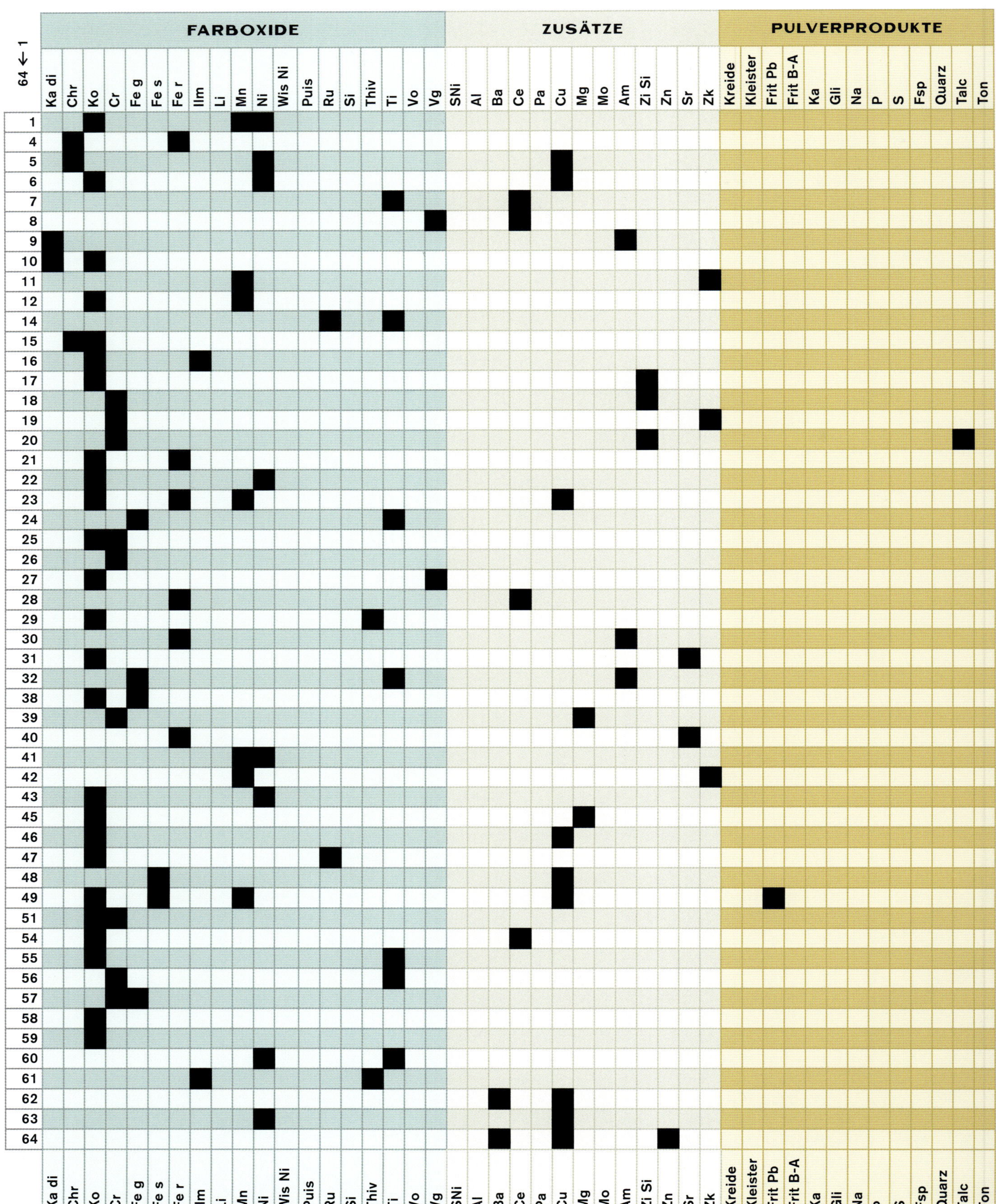
64 ← 1
FARBOXIDE
ZUSÄTZE
PULVERPRODUKTE
Ka di
Chr
Ko
Cr
Fe g
Fe s
Fe r
Ilm
Li
Mn
Ni
Wis Ni
Puis
Ru
Si
Thiv
Ti
Vo
Vg
SNi
Al
Ba
Ce
Pa
Cu
Mg
Mo
Am
Zi Si
Zn
Sr
Zk
Kreide
Kleister
Frit Pb
Frit B-A
Ka
Gli
Na
P
S
Fsp
Quarz
Talc
Ton
1
4
5
6
7
8
9
10
11
12
14
15
16
17
18
19
20
21
22
23
24
25
26
27
28
29
30
31
32
38
39
40
41
42
43
45
46
47
48
49
51
54
55
56
57
58
59
60
61
62
63
64

119 ← 65

FARBOXIDE

	Ka di	Chr	Ko	Cr	Fe g	Fe s	Fe r	Ilm	Li	Mn	Ni	Wis Ni	Puis	Ru	Si	Thiv	Ti	Vo	Vg
65							■												
66			■														■		
67			■	■															
68							■				■								
69			■	■															
70				■															
71																	■		■
72							■										■		
73											■						■		
74																			■
75				■															
76										■									
77										■									
78											■						■		
80																	■		
81			■														■		
82							■												
83											■								
85			■							■									
86				■															
87				■															
88			■																
89				■															
90			■																
91																			■
92																			■
93			■							■									
94										■				■					
95			■				■												
96													■						
97		■		■															
98					■														
99					■														
100						■													
102			■				■			■									
103				■	■														
104				■									■						
105													■						
106													■						
107				■	■														
108						■													
109			■							■									
110													■						
111					■		■												
112				■	■														
113				■									■						
114			■	■															
115																			
116		■	■																
117				■													■		
118				■									■						
119		■															■		

ZUSÄTZE

	SNi	Al	Ba	Ce	Pa	Cu	Mg	Mo	Am	Zi Si	Zn	Sr	Zk
65													
66													■
67										■			
68													
69										■			
70											■		
71													
72													■
73													■
74										■			
75		■											■
76		■											
77													■
78									■				
80													
81													
82													■
83													
85										■			
86											■		
87				■									
88													■
89									■				
90									■				
91						■							
92									■				
93											■		
94													
95											■		
96											■		
97													
98									■		■		
99									■				■
100									■		■		
102						■				■			
103											■		
104													
105													■
106										■			
107										■			
108									■		■		
109											■		
110											■		
111									■		■		
112							■						
113													■
114				■									
115						■							■
116													
117											■		
118											■		
119													

PULVERPRODUKTE

	Kreide	Kleister	Frit Pb	Frit B-A	Ka	Gli	Na	P	S	Fsp	Quarz	Talc	Ton
65													
66													
67													
68													
69													
70													
71													
72													
73													
74													
75													
76								■					
77													
78													
80							■						
81													
82													
83													
85													
86													
87													
88													
89													
90													
91													
92													
93													
94													
95													
96													
97													
98													
99													
100													
102													
103													
104													
105													
106													
107													
108													
109													
110													
111													
112													
113													
114													
115													
116													
117													
118													
119													

Ka di Chr Ko Cr Fe g Fe s Fe r Ilm Li Mn Ni Wis Ni Puis Ru Si Thiv Ti Vo Vg SNi Al Ba Ce Pa Cu Mg Mo Am Zi Si Zn Sr Zk Kreide Kleister Frit Pb Frit B-A Ka Gli Na P S Fsp Quarz Talc Ton

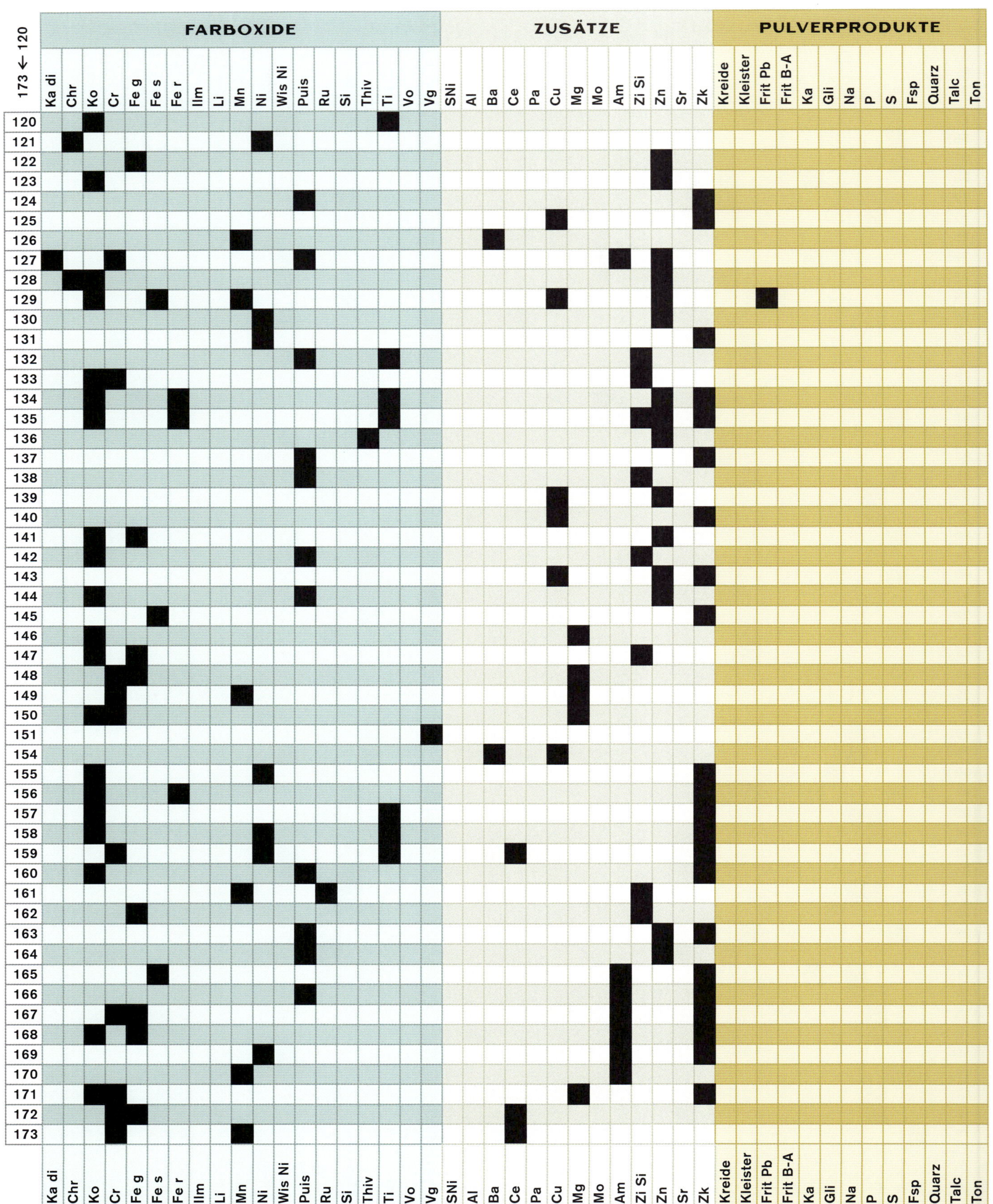
173 ← 120
FARBOXIDE
ZUSÄTZE
PULVERPRODUKTE
Ka di
Chr
Ko
Cr
Fe g
Fe s
Fe r
Ilm
Li
Mn
Ni
Wis Ni
Puis
Ru
Si
Thiv
Ti
Vo
Vg
SNi
Al
Ba
Ce
Pa
Cu
Mg
Mo
Am
Zi Si
Zn
Sr
Zk
Kreide
Kleister
Frit Pb
Frit B-A
Ka
Gli
Na
P
S
Fsp
Quarz
Talc
Ton
120
121
122
123
124
125
126
127
128
129
130
131
132
133
134
135
136
137
138
139
140
141
142
143
144
145
146
147
148
149
150
151
154
155
156
157
158
159
160
161
162
163
164
165
166
167
168
169
170
171
172
173

235 ← 174	FARBOXIDE																			ZUSÄTZE													PULVERPRODUKTE												
	Ka di	Chr	Ko	Cr	Fe g	Fe s	Fe r	Ilm	Li	Mn	Ni	Wis Ni	Puis	Ru	Si	Thiv	Ti	Vo	Vg	SNi	Al	Ba	Ce	Pa	Cu	Mg	Mo	Am	Zi Si	Zn	Sr	Zk	Kreide	Kleister	Frit Pb	Frit B-A	Ka	Gli	Na	P	S	Fsp	Quarz	Talc	Ton
174			■								■																					■													
175													■																■										■						
176	■			■																												■													
177													■																			■													
178			■	■																												■													
179											■																																		
180				■																			■																						
181			■				■																									■													
182			■																									■				■													
183			■		■																							■																	
184	■		■																																										
185				■	■																		■																						
186			■		■																					■																			
187				■																■																									
188																	■			■																									
189																									■														■						
190																	■								■																				
191																	■								■																				
192												■													■																				
193			■																		■																								
194			■																			■																							
195			■																							■				■															
201						■							■																■																
202						■																							■																
203																			■									■				■													
204					■								■															■		■		■													
206																						■			■					■															
207										■																													■						
208											■															■																			
209					■																					■																			
210				■																		■																							
211				■																										■			■												
212											■						■																												
213											■											■										■													
214					■						■																	■				■													
215			■								■																	■				■													
216			■						■																																				
219			■																							■		■																	
220			■																		■											■													
221											■																	■																	
222																	■											■																	
223			■	■																						■																			
224				■													■											■																	
225			■									■																																	
226			■		■								■								■							■		■		■													
227				■																										■			■												
228			■	■																										■			■												
229				■							■																																		
230				■	■																■											■													
231			■	■																	■											■													
232				■																	■																								
234			■													■																■													
235			■													■														■															
	Ka di	Chr	Ko	Cr	Fe g	Fe s	Fe r	Ilm	Li	Mn	Ni	Wis Ni	Puis	Ru	Si	Thiv	Ti	Vo	Vg	SNi	Al	Ba	Ce	Pa	Cu	Mg	Mo	Am	Zi Si	Zn	Sr	Zk	Kreide	Kleister	Frit Pb	Frit B-A	Ka	Gli	Na	P	S	Fsp	Quarz	Talc	Ton

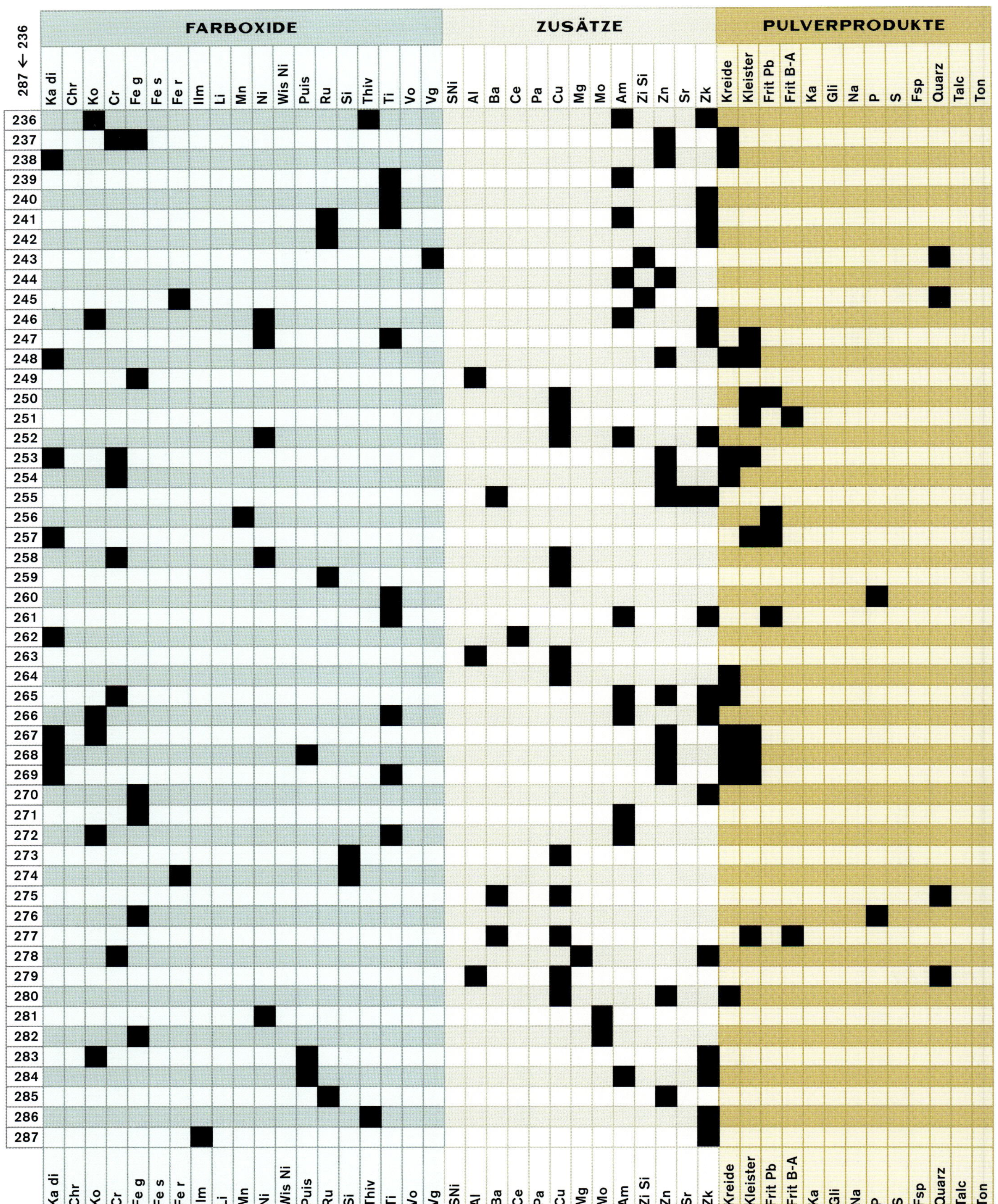

287 ← 236	FARBOXIDE																			ZUSÄTZE													PULVERPRODUKTE												
	Ka di	Chr	Ko	Cr	Fe g	Fe s	Fe r	Ilm	Li	Mn	Ni	Wis Ni	Puis	Ru	Si	Thiv	Ti	Vo	Vg	SNi	Al	Ba	Ce	Pa	Cu	Mg	Mo	Am	Zi Si	Zn	Sr	Zk	Kreide	Kleister	Frit Pb	Frit B-A	Ka	Gli	Na	P	S	Fsp	Quarz	Talc	Ton
236			■													■												■				■													
237				■	■																									■			■												
238	■																													■			■												
239																	■											■																	
240																	■															■													
241														■			■											■				■													
242														■																		■													
243																			■										■														■		
244																												■		■															
245							■																						■														■		
246			■								■																	■				■													
247											■						■															■		■											
248	■																													■			■	■											
249					■																■																								
250																									■									■	■										
251																									■									■		■									
252											■														■			■				■													
253	■			■																										■			■	■											
254				■																										■			■												
255																						■								■	■	■													
256										■																									■										
257	■																																	■	■										
258				■							■														■																				
259														■											■																				
260																	■																							■					
261																	■											■				■			■										
262	■																						■																						
263																					■				■																				
264																									■								■												
265				■																								■		■		■	■												
266			■														■											■				■													
267	■		■																											■			■	■											
268	■												■																	■			■	■											
269	■																■													■			■	■											
270					■																											■													
271					■																							■																	
272			■														■											■																	
273															■										■																				
274							■								■																														
275																						■			■																		■		
276					■																																			■					
277																						■			■									■		■									
278				■																						■						■													
279																					■				■																		■		
280																									■					■			■												
281											■																■																		
282					■																						■																		
283			■										■																			■													
284													■															■				■													
285														■																■															
286																■																■													
287								■																								■													

339 ← 288	FARBOXIDE																			ZUSÄTZE													PULVERPRODUKTE												
	Ka di	Chr	Ko	Cr	Fe g	Fe s	Fe r	Ilm	Li	Mn	Ni	Wis Ni	Puis	Ru	Si	Thiv	Ti	Vo	Vg	SNi	Al	Ba	Ce	Pa	Cu	Mg	Mo	Am	Zi Si	Zn	Sr	Zk	Kreide	Kleister	Frit Pb	Frit B-A	Ka	Gli	Na	P	S	Fsp	Quarz	Talc	Ton
288								■																						■															
289				■																														■	■	■											
290				■																										■			■	■											
291				■																										■													■			
292	■																													■				■										■			
293	■											■																	■				■														
294	■																													■				■														
295	■																																■															
296	■																												■					■	■											
297	■																						■											■														
298	■																											■		■				■														
299	■																											■		■			■	■											
300	■		■																		■									■		■	■	■											
301	■																													■		■	■	■											
302			■																							■								■														
303			■																							■				■				■														
304			■											■																																
305					■																								■				■															
306							■																						■				■															
307						■																							■																			
308						■																								■																		
309							■																								■																	
310						■																						■	■																		
311							■																						■																		
312					■																								■	■																		
313		■																												■			■	■											
314										■																				■			■													
315											■						■										■				■															
316			■	■			■			■																																		
317	■																															■										■	■		
318	■																													■			■	■									■		
319	■																													■			■	■		■										
320				■																														■											
321	■																				■																									
322	■																								■					■			■	■											
323																						■			■									■	■										
324																						■			■								■												
325	■	■																											■			■	■											
326			■																			■			■					■															■		
327				■																					■					■			■												
328	■																					■								■			■	■											
329										■												■																						
330			■				■																							■		■														
331			■				■																										■														
332							■																																	■				
333							■																							■												■				
334							■																							■												■				
335			■							■															■		■																		
336																		■					■																					
337																		■																										
338																		■										■																
339																		■										■				■												

Ka di | Chr | Ko | Cr | Fe g | Fe s | Fe r | Ilm | Li | Mn | Ni | Wis Ni | Puis | Ru | Si | Thiv | Ti | Vo | Vg | SNi | Al | Ba | Ce | Pa | Cu | Mg | Mo | Am | Zi Si | Zn | Sr | Zk | Kreide | Kleister | Frit Pb | Frit B-A | Ka | Gli | Na | P | S | Fsp | Quarz | Talc | Ton

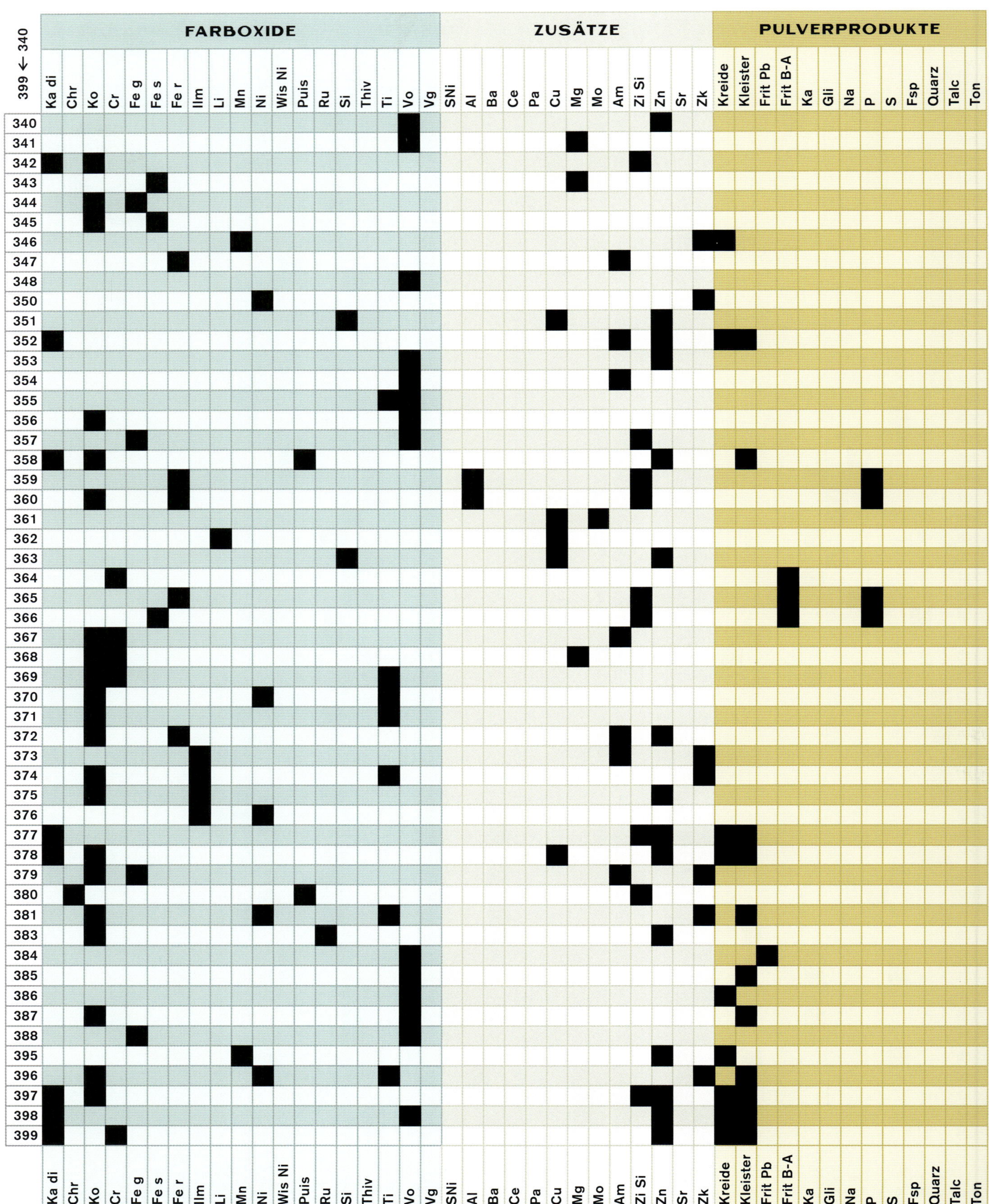

399 ← 340	FARBOXIDE																			ZUSÄTZE													PULVERPRODUKTE												
	Ka di	Chr	Ko	Cr	Fe g	Fe s	Fe r	Ilm	Li	Mn	Ni	Wis Ni	Puis	Ru	Si	Thiv	Ti	Vo	Vg	SNi	Al	Ba	Ce	Pa	Cu	Mg	Mo	Am	Zi Si	Zn	Sr	Zk	Kreide	Kleister	Frit Pb	Frit B-A	Ka	Gli	Na	P	S	Fsp	Quarz	Talc	Ton
340																		■												■															
341																		■								■																			
342	■		■																										■																
343						■																				■																			
344			■		■																																								
345			■			■																																							
346										■																						■	■												
347							■																					■																	
348																		■																											
350											■																					■													
351															■										■					■															
352	■																											■		■			■	■											
353																		■												■															
354																		■										■																	
355																	■	■																											
356			■															■																											
357					■													■											■																
358	■		■										■																	■				■											
359							■														■								■											■					
360			■				■														■								■											■					
361																									■		■																		
362									■																■																				
363															■										■					■															
364				■																																■									
365							■																						■							■				■					
366						■																							■							■				■					
367			■	■																								■																	
368			■	■																						■																			
369			■	■													■																												
370			■								■						■																												
371			■														■																												
372			■				■																					■		■															
373								■																				■				■													
374			■					■									■															■													
375			■					■																						■															
376								■			■																																		
377	■																												■	■			■	■											
378	■		■																						■					■			■	■											
379			■		■																							■				■													
380		■											■																■																
381			■								■						■															■		■											
383			■											■																■															
384																		■																	■										
385																		■																■											
386																		■															■												
387			■															■																■											
388					■													■																											
395										■																				■			■												
396			■								■						■															■		■											
397	■		■																										■	■			■	■											
398	■																	■												■			■	■											
399	■			■																										■			■	■											
	Ka di	Chr	Ko	Cr	Fe g	Fe s	Fe r	Ilm	Li	Mn	Ni	Wis Ni	Puis	Ru	Si	Thiv	Ti	Vo	Vg	SNi	Al	Ba	Ce	Pa	Cu	Mg	Mo	Am	Zi Si	Zn	Sr	Zk	Kreide	Kleister	Frit Pb	Frit B-A	Ka	Gli	Na	P	S	Fsp	Quarz	Talc	Ton

	FARBOXIDE																			ZUSÄTZE													PULVERPRODUKTE												
454 ← 400	Ka di	Chr	Ko	Cr	Fe g	Fe s	Fe r	Ilm	Li	Mn	Ni	Wis Ni	Puis	Ru	Si	Thiv	Ti	Vo	Vg	SNi	Al	Ba	Ce	Pa	Cu	Mg	Mo	Am	Zi Si	Zn	Sr	Zk	Kreide	Kleister	Frit Pb	Frit B-A	Ka	Gli	Na	P	S	Fsp	Quarz	Talc	Ton
400				■																											■			■												
401																							■						■																
402	■																						■							■			■	■											
403										■																				■			■												
404										■																							■												
405																		■																■	■										
406																		■															■	■											
407											■						■															■		■	■										
408											■						■	■														■		■	■										
409			■														■				■											■													
410			■														■									■																			
411																					■						■					■													
412	■									■																			■	■			■												
413																														■			■												
414			■															■												■				■											
415																		■												■					■										
419																																	■												
420			■	■			■			■																																			
421			■																																			■							
422			■															■																											
423																		■												■			■												
424										■																				■			■												
425							■																							■			■												
426											■																			■			■												
427					■																									■			■												
428				■																										■			■												■
429																		■												■					■										■
430			■								■						■															■													■
431			■	■																						■																			■
432										■																				■			■												
433											■																			■			■												
434						■																								■			■												
435														■																■			■												
436			■																											■			■												
437	■																													■			■												■
438					■																									■			■												
439				■																										■			■												
440			■		■																									■															
441											■													■																					
442					■																			■																					
443																		■						■																					
444																		■																			■								
445																								■	■										■										
446			■																																		■								
447						■																															■								
448										■																				■							■								
449	■																							■						■			■												
450	■																													■			■												
451				■																										■			■												■
452			■			■																																							■
453			■							■																																			
454							■			■															■																				
	Ka di	Chr	Ko	Cr	Fe g	Fe s	Fe r	Ilm	Li	Mn	Ni	Wis Ni	Puis	Ru	Si	Thiv	Ti	Vo	Vg	SNi	Al	Ba	Ce	Pa	Cu	Mg	Mo	Am	Zi Si	Zn	Sr	Zk	Kreide	Kleister	Frit Pb	Frit B-A	Ka	Gli	Na	P	S	Fsp	Quarz	Talc	Ton

504 ← 455

FARBOXIDE

	Ka di	Chr	Ko	Cr	Fe g	Fe s	Fe r	Ilm	Li	Mn	Ni	Wis Ni	Puis	Ru	Si	Thiv	Ti	Vo	Vg
455							■			■									
456																		■	
457					■														
458																		■	
459			■															■	
460			■	■															
461			■	■															
462			■		■														
463			■								■								
464			■		■														
465			■																
466											■							■	
467				■														■	
468											■						■		
469											■						■		
470			■							■									
471				■															
472			■			■													
473				■															
474			■		■														
475			■	■															
476					■														
477			■	■															
478			■														■		
479					■												■		
480													■						
481					■														
482			■							■									
483			■	■															
484																		■	
485																		■	
486			■								■								
487			■								■								
488				■															
489					■														
490			■																
492																			
493												■							
494			■	■															
495			■							■									
496																			
497			■								■								
498			■	■															
499			■	■															
500			■			■													
501					■	■													
502			■								■								
503					■														
504											■						■		

ZUSÄTZE

	SNi	Al	Ba	Ce	Pa	Cu	Mg	Mo	Am	Zi Si	Zn	Sr	Zk
455						■					■		
456													■
457											■		■
458					■						■		
459					■								
460											■		
461											■		
462											■		
463											■		
464											■		
465							■				■		
466													
467													
468													■
469													■
470											■		
471					■						■		
472											■		
473							■				■		
474											■		
475											■		
476										■	■		
477							■				■		
478											■		
479										■	■		
480										■	■		
481										■	■		
482										■	■		
483		■											■
484										■			
485										■			
486										■			
487		■											■
488											■		
489													
490													
492				■						■			
493											■		
494											■		
495											■		
496						■							
497						■					■		
498											■		
499										■	■		
500											■		
501									■	■			
502											■		
503										■	■		
504											■		■

PULVERPRODUKTE

	Kreide	Kleister	Frit Pb	Frit B-A	Ka	Gli	Na	P	S	Fsp	Quarz	Talc	Ton
455													
456													
457	■												
458	■												
459													
460	■												
461	■				■								
462	■												
463													
464													
465	■												
466													
467													
468		■	■										
469		■											
470	■												
471	■												
472													■
473	■												
474	■												
475	■												
476	■												
477	■												
478	■												
479	■												
480	■												
481	■		■										
482	■												
483													■
484													
485											■		
486													
487													
488	■										■		
489									■				
490									■				
492	■												
493	■												
494	■				■								
495	■												
496	■											■	
497													
498	■												
499	■												
500	■												
501													
502	■												
503	■				■								
504	■												

Ka di Chr Ko Cr Fe g Fe s Fe r Ilm Li Mn Ni Wis Ni Puis Ru Si Thiv Ti Vo Vg SNi Al Ba Ce Pa Cu Mg Mo Am Zi Si Zn Sr Zk Kreide Kleister Frit Pb Frit B-A Ka Gli Na P S Fsp Quarz Talc Ton

Wenn Sie mehr über den Autor erfahren wollen oder über die konkreten Anwendungen von Oxidtuschen oder wenn Sie den Autor kontaktieren möchten, besuchen Sie seine Website: www.philippe-pirard.be